基礎応用 第3版
第三角法図学

岩井實・石川義雄・喜山宜志明・佐久田博司 共著

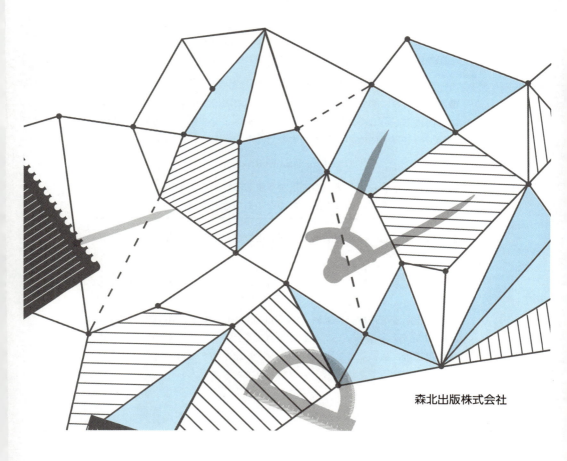

森北出版株式会社

- 本書のサポート情報を当社Webサイトに掲載する場合があります．下記のURLにアクセスし，サポートの案内をご覧ください．

https://www.morikita.co.jp/support/

- 本書の内容に関するご質問は，森北出版 出版部「（書名を明記）」係宛に書面にて，もしくは下記のe-mailアドレスまでお願いします．なお，電話でのご質問には応じかねますので，あらかじめご了承ください．

editor@morikita.co.jp

- 本書により得られた情報の使用から生じるいかなる損害についても，当社および本書の著者は責任を負わないものとします．

■ 本書に記載している製品名，商標および登録商標は，各権利者に帰属します．

■ 本書を無断で複写複製（電子化を含む）することは，著作権法上での例外を除き，禁じられています．複写される場合は，そのつど事前に（一社）出版者著作権管理機構（電話03-5244-5088，FAX03-5244-5089，e-mail:info@jcopy.or.jp）の許諾を得てください．また本書を代行業者等の第三者に依頼してスキャンやデジタル化することは，たとえ個人や家庭内での利用であっても一切認められておりません．

第 3 版のまえがき

　初版より 38 年を経て，この度，本書は大きな改訂を受け第 3 版として送り出されることになった．本書の大部分を占める図法幾何の知識は，19 世紀初頭に確立した製図技術の基本となる図形操作とともに，人間の空間認知機能の強化を含む教育に生かされている．後者については近年明らかになりつつある空間認知能力の特性や，年齢による推移との関係で，比較的若い年齢において習得することが望ましいとされている．そのため，その年齢層にふさわしい内容に改修することが本改訂の主な目的である．本書の内容は，伝統的な図的解法の手順を，投影操作を基に詳しく解説しており，その点において，本書第 1 版から，第三角法が正式な製図法として JIS に記載された平成 4 年以降，内容については大きな変更はなかった．にもかかわらず，改訂した理由は，説明図のカラー化などによって理解を助けることが第一であった．これは，現代的なメディアの進化や，若年読者の便宜のためであるが，また，図形情報と色情報の統合による理解や記憶を支援するためでもある．本書の第 2 版以降の特徴は，従来の図面に代表される 2 次元の投影図形によって理解を促すだけでなく，動的表現を含むコンピュータグラフィックスや立体視，対話的な図形操作を通して現代的な図形認知能力を涵養するねらいを含むことであるが，第 3 版において，これを充実するソフトウェアのバージョンアップを行っている．本書はしたがって，マルチメディアを通した図形理解と，図形処理手順を紙面で並行して読み解くことができる．なお，今回の改訂に際して，演習問題の解答例を作成した．森北出版のホームページ (https://www.morikita.co.jp/books/mid/008043) に掲載しているので，必要に応じて参照してほしい．

　製図は現代産業界においては，ほぼ CAD によるモデルおよび図面の作成と管理を主とするシステムに移行しているが，人間の図形理解・認知・心的操作は，逆に能力としてエンジニアに要求されるところが今後も大きいと考え，著者を代表して本書を推薦するものである．

　最後に，この第 3 版の改訂に際しては，多大なご助力をいただいた森北出版(株)出版部の皆様，とくに直接編集のご担当であった福島崇史氏，佐藤令菜氏，および出版部長富井晃氏に心からの感謝を申し上げるとともに，本改訂版を第一著者の故岩井實青山学院大学名誉教授に捧げます．

2019 年 6 月　　　　　　　　　　　　　　　　　　　　　　　　佐久田　博司

第 2 版のまえがき

　本書は，1981 年（昭和 56 年）に初版を発行してから 24 年を経過したが，この間，多くの読者の方々よりご利用をいただき，これまで 27 刷を発行することができた．そこで，さらに充実した内容を目指して，このたび改訂を行った．

　まず，各章の構成はそのままとし，内容の見直しを行った．たとえば，1980 年初頭から 1990 年後半にかけて JIS（日本工業規格）が ISO（国際規格）に準拠するようになったため大幅に変更されたので，本書の JIS 該当部分を新しく書き直した．また，すべての図には図番のほかに，図のキャプションを付記するようにした．このため説明文を読まなくとも，図の内容が一目で理解できるようになることと思う．

　また，作図を容易に行うため，これまで長文であった説明を箇条書きにしたり，分割化したりして，文の簡潔化を行い，作図の順序を理解しやすくした．

　さらに，重要な用語は太字（ゴシック）にして，目立つよう，そして記憶にとどめるようにした．

　12 章は，これまでの「コンピュータ図学」を「コンピュータ図形処理」と名称を変え，内容を従来よりさらに発展させ，新時代の要求にあったコンピュータによる高度の図形処理について述べている．

　巻末の「付録」も新しい時代に向けた内容に修正を加えた．

　以上のような改訂であるが，これまでと同様に，大学，短大，高専，専門学校などの教科書または参考書として，多くの方々にご愛用いただけたら幸甚である．また，読者諸兄の積極的なご助言により，さらに，よりよき参考書にしてゆきたいと願っている．

　最後に，この改訂に際しては，多大なご助力をいただいた森北出版（株）編集部の皆様，とくに企画・編集マネジメント部長利根川和男氏，第一出版部山崎まゆさんに対し心から謝意を表する次第である．

　2006 年 2 月

著者らしるす

まえがき

　図学は，わが国では長年ガスパード・モンジュの図法幾何学を継承して一角法図学が採用されてきたが，近年実用製図が三角画法であることから，図学においても三角画法を採用する傾向が多くなってきた．このため本書でも三角法図学を用いている．

　本書は，大学教養課程，理工学系基礎課程および短大，高専における学生を対象とした図学の教科書および参考書であるが，また技術者の製図への橋渡しとして立体観念を養うための図形に関する参考書としても好適である．

　全体を簡潔に13章と付録にまとめてあるので，毎週1回2時間の半年間の授業では1章，2章を簡単に説明するにとどめ，3章以下を必要に応じて時間を配分すればよい．また，1年間の授業では12章，13章を学生自身の学習にまかせ，各章における数多い例題，練習問題を適宜行えば十分授業時間におさまるようにしてある．

　本文の記述は，簡明を旨とし，説明文と図との関連に注意し原則として見開き頁におさめた．用語は数学用語および日本図学会用語委員会制定図学用語集（案）をできるだけ採用してある．

　本書の記述において，著者らの浅学非才のゆえ意外の誤り，考え違いがあるかと思うが，読者諸氏より御指摘をいただき，より完全なものにしたいと思っている．

　終わりに，執筆に際し，内外の多くの文献を参照させていただいたが，これらの著者ならびに貴重な資料を快く御提供いただいた方々に対し，深く謝意を表すとともに，図面の作成などに御協力いただいた青山学院大学武士俣貞助氏および東京高専伊藤正秀氏に，また出版に際し，種々御協力，御鞭撻いただいた森北出版の編集部の各位，とくに編集長太田三郎氏および次長渡辺武巳氏に対し心から謝意を表す次第である．

　1981年2月

著者らしるす

目 次

第1章 序　章
- 1.1 図学とその略史 …………………………………………… 1
- 1.2 投影の方法と種類 ………………………………………… 2
- 1.3 線，略号および符号の適用 ……………………………… 5
  - 1.3.1 線の適用　5
  - 1.3.2 略号および符号　6

第2章 基礎作図
- 2.1 直線，角および円周の n 等分 …………………………… 9
- 2.2 正多角形 …………………………………………………… 10
- 2.3 円弧の長さ ………………………………………………… 12
- 2.4 円周の長さ ………………………………………………… 13
- 2.5 円錐曲線 …………………………………………………… 14
  - 2.5.1 楕円の作図　16
  - 2.5.2 双曲線の作図　17
- 2.6 うずまき線 ………………………………………………… 18
  - 2.6.1 アルキメデスうずまき線　18
  - 2.6.2 対数うずまき線　19
- 2.7 サイクロイド曲線 ………………………………………… 20
- 2.8 インボリュート曲線 ……………………………………… 22
- 2.9 ハート曲線 ………………………………………………… 24
- 2.10 経線と緯線 ………………………………………………… 25
- 演習問題 ……………………………………………………… 26

第3章 点，直線および平面の投影
- 3.1 点の主投影図 ……………………………………………… 29
- 3.2 直線の主投影図 …………………………………………… 30
  - 3.2.1 一般的な位置にある直線　31
  - 3.2.2 特別な位置にある直線　31

    3.2.3　直線上にある点の投影　　33
    3.2.4　相交わる2直線　　34
  3.3　平面の主投影図 ·· 34
    3.3.1　平面の表示　　34
    3.3.2　一般的な位置にある平面　　35
    3.3.3　特別な位置にある平面　　35
    3.3.4　平面上の点，直線　　36
  3.4　点の副投影図 ·· 38
    3.4.1　点の副正面図　　39
    3.4.2　点の副平面図　　39
    3.4.3　点の連続した副投影図　　40
  3.5　直線の副投影図 ·· 40
    3.5.1　直線の実長が表されている投影　　41
    3.5.2　直線の実長および投影図となす角の実角　　42
    3.5.3　平行2直線間の距離　　43
    3.5.4　直交2直線　　43
    3.5.5　ねじれの位置にある2直線間の距離および共通垂線　　45
  3.6　平面の副投影図 ·· 47
    3.6.1　平面図形の実形　　47
    3.6.2　2平面間の角　　48
    3.6.3　2平面の交わり　　49
  3.7　点，直線および平面との関係 ··· 50
    3.7.1　点と平面との間の距離　　50
    3.7.2　直線と平面との交わり　　51
    3.7.3　直線と平面のなす角　　52
    3.7.4　回転による方法　　53
  演習問題 ·· 56

第4章　立体（多面体，曲面体）

  4.1　多面体 ·· 59
    4.1.1　正多面体　　59
    4.1.2　角　錐　　63
    4.1.3　角　柱　　64
  4.2　曲面と曲面体 ··· 66
    4.2.1　曲面の分類　　66

  4.2.2　錐　面　66

  4.2.3　柱　面　68

  4.2.4　単双曲回転面　69

  4.2.5　つるまき線面　70

  4.2.6　球　面　71

 演習問題 …………………………………………………………………… 72

第5章　展　開

 5.1　展開とその方法 ………………………………………………………… 73

 5.2　柱面の展開 ……………………………………………………………… 75

 5.3　円柱型屈折管の展開 …………………………………………………… 76

 5.4　近似展開 ………………………………………………………………… 76

 演習問題 …………………………………………………………………… 79

第6章　切　断

 6.1　切断平面 ………………………………………………………………… 80

 6.2　立体の切断法 …………………………………………………………… 82

 6.3　多面体の切断 …………………………………………………………… 83

  6.3.1　切断平面が直立面または水平面のいずれかに垂直な場合　83

  6.3.2　切断平面が直立面および水平面のいずれにも傾斜した場合　84

 6.4　曲面体の切断 …………………………………………………………… 85

  6.4.1　円錐の切断　85

  6.4.2　球の切断　86

 演習問題 …………………………………………………………………… 87

第7章　相　貫

 7.1　相貫線を求める一般的方法 …………………………………………… 88

 7.2　多面体の相貫 …………………………………………………………… 89

  7.2.1　直線と三角錐の相貫点　89

  7.2.2　三角錐と直立面に垂直な三角柱の相貫線　90

  7.2.3　三角錐と直立面に平行な三角柱の相貫線　91

 7.3　曲面体の相貫 …………………………………………………………… 92

  7.3.1　直線と球の相貫　92

  7.3.2　直線と円錐の相貫　93

####### 7.3.3 円錐と円柱との相貫(1) 94
####### 7.3.4 円錐と円柱との相貫(2) 95
####### 7.3.5 斜円錐と斜円柱の相貫 96
7.4 各種立体の相貫 97
####### 7.4.1 円柱と三角柱の相貫 97
####### 7.4.2 円錐と正六角柱の相貫 98
####### 7.4.3 円環と円柱の相貫 99
####### 7.4.4 円柱と円柱の相貫 100
演習問題 101

第8章 接触

8.1 曲面と平面との接触 103
####### 8.1.1 曲面の接平面 103
####### 8.1.2 円錐上の1点における接平面 104
####### 8.1.3 円錐外の1点を通る接平面 104
####### 8.1.4 斜円柱上の1点における接平面 105
####### 8.1.5 球面上の1点における接平面 106
####### 8.1.6 1直線を含んで球に接する平面 107
####### 8.1.7 2直円錐との共通接平面 108
8.2 曲面の接触 109
####### 8.2.1 2曲面の接触 109
####### 8.2.2 円弧回転面上の1点で外接する球 110
####### 8.2.3 水平面上にあって相接する3球 111
演習問題 112

第9章 陰影

9.1 光線の種類による陰影 114
9.2 点および線の影 115
9.3 平面図形の影 117
####### 9.3.1 三角板の影 117
####### 9.3.2 円板の影 118
9.4 立体の陰影 119
####### 9.4.1 多面体の陰影 119
####### 9.4.2 曲面体の陰影 121

9.5　ほかの立体に投じる影 ………………………………………………………… 124
　　9.5.1　円柱面上に投じる直線の影　　124
　　9.5.2　屋根上の煙突の影　　125
　　9.5.3　階段に投じる壁の陰影　　125
　演習問題 ……………………………………………………………………………… 126

第10章　平行投影

10.1　投影の種類 ……………………………………………………………………… 127
10.2　正投影 …………………………………………………………………………… 128
10.3　斜投影 …………………………………………………………………………… 130
10.4　軸測投影 ………………………………………………………………………… 131
　　10.4.1　軸測投影　　131
　　10.4.2　等測投影および等測図　　132
10.5　標高投影 ………………………………………………………………………… 133
　演習問題 ……………………………………………………………………………… 134

第11章　透視投影

11.1　直接法 …………………………………………………………………………… 136
11.2　消点法 …………………………………………………………………………… 139
　演習問題 ……………………………………………………………………………… 148

第12章　コンピュータ図形処理

12.1　入出力用デバイス ……………………………………………………………… 150
12.2　図形処理ソフトウェア ………………………………………………………… 152
12.3　図形処理プログラミング ……………………………………………………… 154
12.4　ベクトル幾何とアルゴリズム ………………………………………………… 156
　　12.4.1　平面図形処理　　156
　　12.4.2　投影図形処理　　157

付録　製図用具

A.1　製図器械 ………………………………………………………………………… 160
A.2　筆記用具 ………………………………………………………………………… 162
A.3　T定規 …………………………………………………………………………… 162

A.4 三角定規 ………………………………………………………… 162
A.5 曲線定規とテンプレート ………………………………………… 163
A.6 そのほかの製図用具 ……………………………………………… 164
A.7 線の種類と用法 …………………………………………………… 166

参考文献 ……………………………………………………………… 167
索　引 ………………………………………………………………… 168

序章

1.1 図学とその略史

　図学は，空間にある点，線，平面および立体などの間で生じる種々の関係を，平面上の図形として表し，図形的に解を求めるものである．広く図形に関する科学一般を図学といい，これは幾何学に隣接する．狭義には，**図法幾何学**（projection geometry）または**画法幾何学**（descriptive geometry）という．

　機械の製作，土木，建築を進めるためには，その形状構造を平面上の図をもって表す必要がある．平面図形によって立体を正確に表現する方法は，古い時代からいろいろ工夫されていた．たとえば，絵画，写真などは，立体を平面図形によって表現する一つの方法である．

　有名なのは，イタリア・ルネッサンスの科学者であり芸術家である**レオナルド・ダ・ヴィンチ**（Leonardo da Vinci, 1452-1519）の多くの絵画で，明らかに透視図の図法を考案し，これを用いているとみられる．しかし，図法そのものを明確にしたのは，同じイタリアの建築家**セバスティアーノ・セルリオ**（Sebastiano Serlio, 1475-1554）で，その著書において，いくつかの参考図とともにその図法の説明をしている．

　透視図のように立体を一つの平面図形で表すのは，その形状を説明するのに適切であるが，平面図形から立体を再現する，つまり設計図として用いるには，あとに述べるように不完全な点があり，また不便なところも多い．

　空間図形を平面図形として表すのに，**投影**という手段が用いられるが，空間にある1点の位置を平面上で確定するためには，一般に二つの投影面が必要である．二つ，またはそれ以上の投影面を用いて投影する方法は，フランスの数学者である**ガスパール・モンジュ**（Gaspard Monge, 1746-1818）によって創案された．

　モンジュは，築城に関する問題を計算によらず幾何学的に解くことを案出し，これをのちに体系化した．モンジュの投影法は，現在，正投影とよばれている．それは，理論的に極めて明快であり，また完全である．近代図学は，モンジュによってその基礎を固められたといってよく，その著書 Lecon de géométrie descriptive（1795）†は

---

† 東京大学および神戸大学などに写本がある．

不朽の著として讃えられている.

1.2 ◉ 投影の方法と種類

空間にある点，線，平面および立体などの空間図形を平面上に図形として表すために，**投影**（投射）という手段を用いる.

たとえば，点 A を平面に投影するには，A を通る直線を引き，これが平面と交わる点を a とする．投影に用いる直線を**投影線**（投射線）といい，投影される平面を**投影面**（projection plane）という．投影によって得られた点 a を**投影図**という．点が投影面の後方にあるときも同じで，点 B を通る投影線が投影面と交わる点を b とすればよい（図 1.1）.

投影の方法には多くの種類がある．投影線が平行であるものを**平行投影**といい（図 1.2(a)），1 点を通る直線が投影線となるものを**中心投影**という（図 1.2(b)）.

平行投影のうちで，投影線が投影面に垂直なものを**垂直投影**（right projection）（図 1.3(a)），垂直でないものを**斜投影**（oblique projection）という（図 1.3(b)）．空間

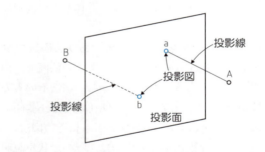

図 1.1 投影の説明

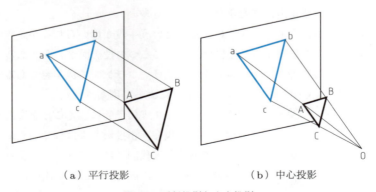

（a）平行投影　　　　　　（b）中心投影

図 1.2 平行投影と中心投影

1.2 投影の方法と種類　3

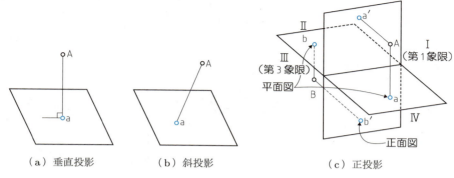

（a）垂直投影　　　（b）斜投影　　　　　（c）正投影

図 1.3　垂直投影, 斜投影および正投影

　図形とその投影の間には, 一対一の対応がなければならない. そのためには, 投影面は少なくとも二つ以上は必要である. 二つ以上の投影面をもつ投影を**複面投影**といい, 二つの投影面として, 水平な平面（水平面）とこれと垂直な平面（直立面）を用いて垂直投影を行うものを**正投影**（orthogonal projection または orthographic projection）という（図 1.3(c)）. 正投影がもっとも広く用いられ, 正投影以外の複面投影は実際に用いられることはない.

　一つの投影面を用いるものを**単面投影**という. 単面投影では, 一般に一対一の対応は成立しない. したがって, 投影としては不完全である. たとえば, 2 点 A, B の投影線が共通であるとすると, その投影図 a, b は 1 点に重なり, A, B を区別することはできない（図 1.4）.

　このような場合でも, A, B の投影面からの距離を, 投影図 a, b について a_5, b_3（数字は cm を表すこととする）というように示せば, 投影は完全なものとなる. 地形図に用いられる**標高投影**がそれである（図 1.5, 図 1.6）.

　しかし, 単面投影は, 適切な投影方法を選べば, 非常にわかりやすい投影図を提示

図 1.4　単面投影　　　図 1.5　標高投影の説明図　　　図 1.6　標高投影

することができるので，対応に不完全さがあっても，説明図，見取図としては有用である．単面投影に含まれるものは，上記の標高投影のほかに，**斜投影**（図 1.7），**軸測投影**（axometric projection），**等測投影**（isometric projection）（図 1.8）および**透視投影**（perspective projection）（図 1.9）がある．

図 1.7　斜投影　　　図 1.8　等測投影　　　図 1.9　透視投影

広く行われるようになった**テクニカルイラストレーション**（technical illustration，機械部品などの形状・結合・機能などをわかりやすく説明した図）は，斜投影および等測投影によるものが多い．

これらの投影方法を分類すると，図 1.10 のようになる†．

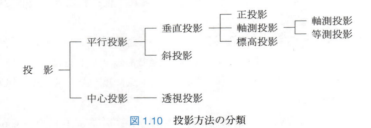

図 1.10　投影方法の分類

物体を第 1 象限（図 1.3(c)）に置いて作図する方法を**第一角法**といい，第 3 象限に物体を置くものを**第三角法**という．モンジュが用いたのは第一角法であり，図学においては第一角法が長い間用いられてきたが，工学製図では第三角法の方が便利であることが多いので，現在では主として第三角法が用いられている．

図学においても，空間図形の種々の関係を平面上の図形に表し，図形的に解を求めるというほかに，実用製図の入門という考えから第三角法の採用が多くなってきている．したがって本書では第三角法による．

---

† 投影方法の分類についての詳細は 10.1 項参照．

1.3 線，略号および符号の適用

一般的な線の分類の詳細については，付録 A.7「線の種類と用法」を参照されたい．ここでは，本書を読むうえで必要な部分について説明する．

1.3.1 ● 線の適用（図 1.11）
(a) 立体の外形線

立体の外形を表す線は，一般には太い実線を用いる．立体の綾線で，立体の陰にある隠れた線は，破線で描く．

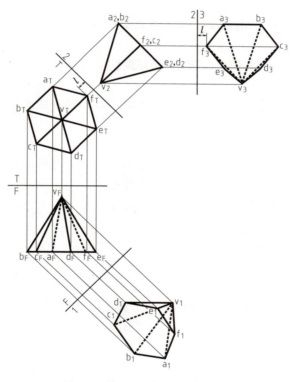

図 1.11　線および略号，符号の適用

問題・例題においては，問題として与えられた**立体の外形線**を，中太の実線で描き，解答線を太い実線で描く場合もある．本書の例題では，解答線を青色の実践で描き，問題として与えられた立体の外形線と区別している．

(b) 基準線

基準線は，外形線より細め（中太）の実線で描き，この両側に，次項で述べる投影図の略号を書いて，次のように示す．

$$\left(\frac{T}{F}\underline{\qquad}, \frac{F}{R}\underline{\qquad}, \frac{F}{1}\underline{\qquad}\right)$$

(c) 対応線

隣接した投影図上の，同一点の投影の対応を示す**対応線**は，細い実線で描く．また，図の混乱を避けるために途中を省略することがある（図4.2，図7.3など）．

(d) 作図線

作図のための軌跡や，補助線などの**作図線**は，一般には細い実線で描く．

(e) 中心線

対称物の中心を表す**中心線**は，細い一点鎖線を用いる（図2.12，図2.13，図4.2）．

(f) 平面の跡線

平面が投影面そのほかの基準平面と交わる線，すなわち**跡線**は，一般には中太の実線を用いる（図6.1，図6.5）．

(g) 切断線

作図の補助として，切断平面を用いることがある．この補助切断平面の跡線（とくに切断平面が基準平面に垂直なときには切断線という）は，細い一点鎖線を用いる．図が複雑なときには，途中を省略することがある．

1.3.2 ● 略号および符号（図1.11）

(a) 投影図の略号

主投影図の略号は，その頭字をとって次のように記入する．

　　　正面図（front view）：F，平面図（top view）：T

　　　右側面図（right side view）：R，左側面図（left side view）：L（図3.2）

(b) 略記号

投影図中に書き入れる説明のうち，よく用いられる言葉は，次のように**略記号**で記入されることが多い．

　　　実長（true length）　直線分の真の長さ：T. L.（図3.5）

　　　実形（true size）　平面図形の真の大きさ：T. S.（図3.26）

　　　切断平面（cutting plane）：C. P.（図6.1）

(c) 点の投影の符号

点の投影図では，その点の名称（実際の点につけたA，B，Cなど）の小文字を符

号とし，点の投影が属している投影図の略号を，添字（suffix）で符号の右下につける．たとえば，正面図，平面図，右側面図における点 A の投影の符号は，それぞれ a_F，a_T，a_R である．

(d) **立体上の実際の点の符号**

立体上の点は，アルファベット大文字で示す．立体上の実際の点は，説明として出てくるだけだから，投影図上の点の符号としては大文字を使うことはない．

また，立体上の物体の影を表す点の符号は，大文字を用いる（図 9.3，図 9.13）．

第2章 基礎作図

図学において，最も基本となる作図法を図2.1に示す．

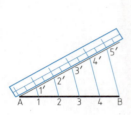

（a）線分ABの$n(5)$等分

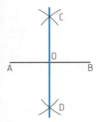

（b）線分ABの2等分

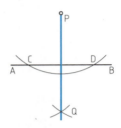

（c）PよりABに垂線を引く

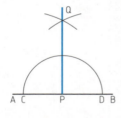

（d）Pより垂線を立てる

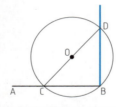

（e）Bより垂線を立てる
（Bを通る任意の円を描き，CとOを結びDを求める）

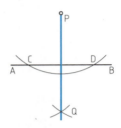

（f）2枚の三角定規で(c)～(e)の作図

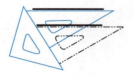

（g）平行線を引く

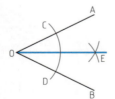

（h）角の2等分

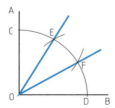

（i）直角の3等分

図2.1　基本作図法

2.1 ◉ 直線，角および円周の n 等分

例題 2.1 線分 AB を n 等分（$n = 6$）せよ（図 2.2）．

解答
① A より任意の方向に直線を引く．
② A より任意の等間隔に，①で引いた直線上に 1′, 2′, …, 6′ の各点を求める．
③ 6′B を結び，②の各点より 6′B に平行な線を引けば，等分点（1, 2, …, 5）が求められる．

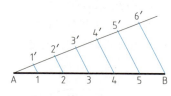

図 2.2　線分 AB の 6 等分

例題 2.2 角 AOB を n 等分（$n = 3$）せよ（図 2.3）．

解答
① OA の延長上に AO = CO の点 C をとる．
② AC = AD = CD の点 D を求める．
③ AO = BO の点 B と D を結び，AC との交点を E とする．
④ AE を n 等分（3 等分）し，その等分点を 1, 2 とする．
⑤ D1, D2 を結び，O を中心とする半径 OA の円弧との交点を 1′, 2′ とすれば，

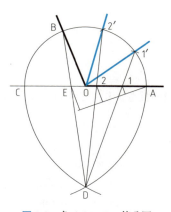

図 2.3　角 AOB の 3 等分図

O1′，O2′ は∠AOB の 3 等分線である（この作図法は近似法である）．

例題 2.3 円周を n 等分（$n = 7$）し，正 n 角形を作図せよ（図 2.4）．

解答
① 円の直径 AB を n 等分（7 等分）し，その等分点を 1，2，3，…，6 とする．
② AB = AC = BC となる点 C を求める．
③ 点 C と端から 2 番目の等分点とを結び，その延長線と円との交点を D とすれば，AD は円周を n 等分する基準長さである．
④ これより，円に内接する正 n 角形が求められる．
（ただし，この作図法は，$n = 3$，4，6 以外は近似法である）．
参考として，$n = 3$，4 について与えられた円に内接する正 n 角形を図 2.5 に示す．

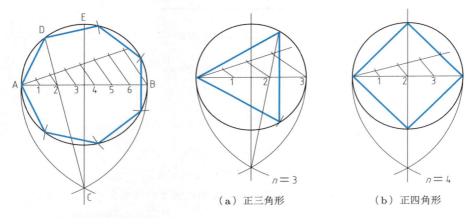

図 2.4　円に内接する正七角形　　　図 2.5　円に内接する正 n 角形

2.2 ◎ 正多角形

例題 2.4 与えられた 1 辺の長さより，任意の正 n 角形を描け（$n = 5$，6，7，8，10，12）（図 2.6）．

解答
① 1 辺の長さ AB を底辺とする正三角形の頂点を O とし，円弧 $\overarc{OB}$（$\overline{OB}$ より正確）を 6 等分して，各等分点を 1，2，…，5 とする．
② AB の垂直 2 等分線上に，O1 = O7，O2 = O8，O4 = O10，OB = O12 になるように 7，8，10，12 および O1 = O5′ として 7 と反対側に 5′ をとる．

③ これらを中心として，AB を通る円は，それぞれ AB を一辺とする正五，六，七，…，十二角形の外接円となるから，AB を 1 辺とする正 n 角形が得られる（この作図法は $n = 6$，12 以外は近似法）．

別法　（図 2.7）
① AB を延長し，AB = BC となる点 C を求め，AC を n 等分（$n = 7$）する．
② AC = AD = CD となる点 D を求める．
③ 点 D と端から 2 番目の点とを結び，延長して AB を半径とする円との交点を E とし，AB および BE の垂直 2 等分線の交点 O が A，B，E を含む外接円の中心となるから，正 n 角形が得られる．

☞ 正五角形の場合は，図 2.8 に示すような作図法もある．

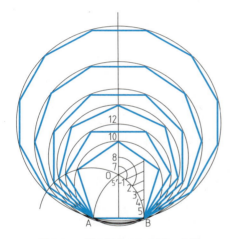

図 2.6　1 辺の長さ AB の正 n 角形

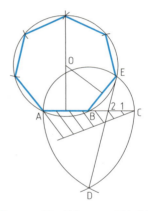

図 2.7　1 辺の長さ AB の正七角形

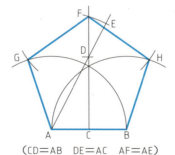

（CD＝AB　DE＝AC　AF＝AE）

図 2.8　1 辺の長さ AB の正五角形

2.3 ◉ 円弧の長さ

例題 2.5 円弧 $\overarc{AB}$ に長さの等しい線分を求めよ（図 2.9）．

解答

① 弦 AB の中点 C を求め，AB の延長上に AC = AD となる点 D を求める．
② D を中心として，DB を半径とする円弧を描く．
③ A において，$\overarc{AB}$ の接線を引き，円弧との交点を E とすれば，$\overarc{AB}$ ≒ AE となる．

☞ もし，円弧 $\overarc{AB}$ の中点を求めて作図すると，誤差はさらに小さくなる[†]．

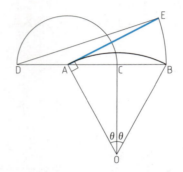

図 2.9 円弧 $\overarc{AB}$ の長さに等しい線分 $\overline{AE}$

例題 2.6 与えられた長さ l を円弧上にとれ（図 2.10）．

解答

① 円弧上の任意の点 A において接線を引き，長さ l に等しく AB をとる．
② AC = (1/4)AB となる点 C をとり，C を中心として，CB を半径とする円弧を描き，与えられた円弧との交点を D とすると，AB(= l) ≒ $\overarc{AD}$ となる．

☞ これは，図 2.9 において，FE = FB となるような AE 上の点 F を求めればよい．点 B, E は点 D を中心とする円弧上にあるから，点 F は角 EDB の 2 等分線と AE の交点である．図 2.11 のように，AF : FE = DA : DB = 1 : 3 であるから，点 F は AE を 1 : 3 に内分する．

[†] 誤差の値は，弦の中点を求める方法では，中心角 $2\theta = 90°$ のとき 1/170，$2\theta = 60°$ のとき 1/860 となり，円弧の中点を求める方法では，$2\theta = 90°$ のとき 1/2300 となる．このように，弦の中点よりも円弧の中点を求めるほうが正確になり，また，中心角は小さいほど正確になる．もし，中心角が大きな場合には，円弧を 2(4) 等分して作図し，これを 2(4) 倍する．

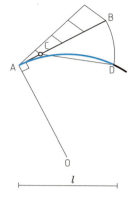
図 2.10　長さ l を円弧上にとる

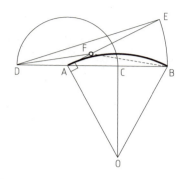
図 2.11　角 EDF = 角 FDA より FE = FB

2.4 ◉ 円周の長さ

例題 2.7　円 O の円周長さを求めよ（図 2.12）.

解答
① 直径 AB に垂直に BE を引き，3AB = BE とする.
② 中心 O から角 AOC = 30° になるように，点 C を円周上に求める.
③ 点 C より AB に垂直に点 D を求め，DE を結べば，DE が円周長さとなる.

👉 円の直径を d とすると，円周長さ DE は，

$$DE = \sqrt{(BE)^2 + (BD)^2} = \sqrt{(3d)^2 + \left(\frac{d}{2} + \frac{d}{2}\cos 30°\right)^2} = 3.14173721\,d$$

となるので，$\pi = 3.1415926535\cdots$ と比べて誤差は極めて小さい.

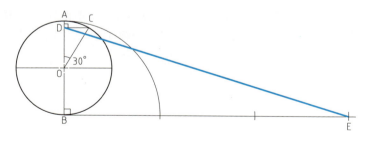
図 2.12　円周長さ

例題 2.8 円 O の半円周長さを求めよ（図 2.13）．

解答

① 直径 AB に垂直に CD を引く．中心 O から角 BOC = 30° になるように点 C をとり，D は CD = 3OB の点とする．
② AD を結べば，これが半円周長さとなる．

☞ 円の半径を r とすると

$$AD = \sqrt{(AB)^2 + (BD)^2} = \sqrt{(2r)^2 + (3r - r\tan 30°)^2} = 3.141533338\,r$$

となるので誤差は極めて小さい．

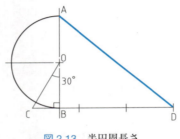

図 2.13　半円周長さ

2.5 ◉ 円錐曲線

円錐を，図 2.14(a) で示すような平面で切断するとき，その切断面に示される曲線を**円錐曲線**（conic section）といい，図 (b) のように，切断面の傾き角 θ によって，**楕円**（ellipse），**放物線**（parabola），**双曲線**（hyperbola）となり，特殊な場合（$\theta = 0$）として円（circle）がある．

これらの円錐曲線上の各点を P とすると，焦点 F に対する準線 N からの距離の比，すなわち，離心率 $e = PF/PN$ の値によって，円錐曲線は図 2.15 に示すようになる．

2.5 円錐曲線　15

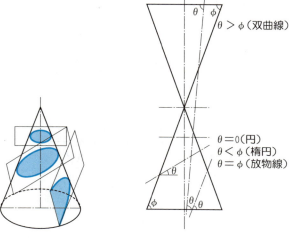

（a）切断面による円，　　（b）切断面の傾き角による
　　　楕円および放物線　　　　　　各種の曲線

図 2.14　各種の円錐曲線

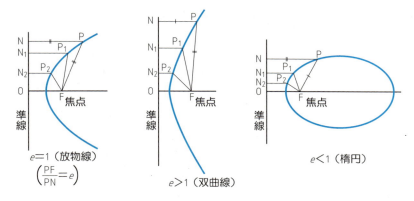

図 2.15　準線と焦点および離心率 e を与えた円錐曲線

例題 2.9　準線を N，焦点を F として，離心率 $e = 4/5$ の楕円，$e = 1$ の放物線，および $e = 5/4$ の双曲線を描け（図 2.16）．

解答
① 勾配 4/5，5/4 の線を引いておけば作図に都合がよい．
② 軸上に任意の垂線を引き，①で引いた線との交点を l とする．この垂線上に，lm = FP（m は垂線と軸の交点）となる点 P をとれば，これは円錐曲線上の点である．
③ これより，順次，任意の垂線を引いて，同様に離心率 e を満足する点 P を求め，

これらを結べば円錐曲線となる.

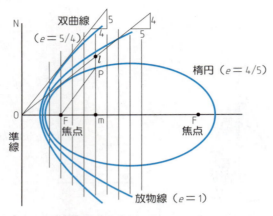

図 2.16　離心率 e の異なる各円錐曲線

2.5.1 ● 楕円の作図
(a) 長軸 AB と焦点 F_1, F_2 が与えられた場合の作図（図 2.17）

$$PF_1 + PF_2 = AB$$

の関係を用いて作図を行うが，糸（長さ AB）を用いても作図できる（図 2.18）.

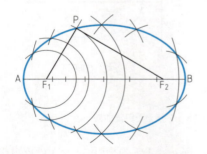

図 2.17　長軸と焦点による楕円

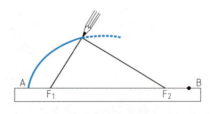

図 2.18　糸（長さ AB）による楕円

(b) 長軸 AB と短軸 CD が与えられた場合の作図（図 2.19）

　角 AOC を 3 等分し（図 2.1(i) 参照），Q_1 からの垂線と R_1 からの水平線の交点 P_1 を求め，同様にして P_2 を求める．A, P_1, P_2, C を曲線で結び，以下同様に作図すれば楕円が求められる．

2.5 円錐曲線 | 17

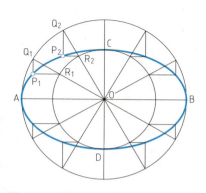

図 2.19　長軸 AB と短軸 CD による楕円

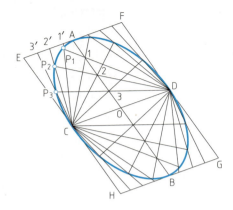

図 2.20　一対の共役軸 AB, CD による楕円

(c) 一対の共役軸が与えられた場合の作図（図 2.20）

AO, AE を 4 等分し（図 2.1(a)参照），それぞれ 1, 2, 3 と 1′, 2′, 3′ とする．C から 1′, 2′, 3′ を結ぶ各線と，D から 1, 2, 3 を通るその延長線との交点を P_1, P_2, P_3 とし，A, P_1, P_2, P_3, C を曲線で結び，以下同様にして楕円を作図する．

2.5.2 ● 双曲線の作図

(a) 焦点 F_1, F_2 と横軸を与えた場合の作図（図 2.21）

$$PF_1 - PF_2 = AB$$

の関係を用いて作図を行うが，糸（長さ $F_1C - AB$）を用いても作図できる（図 2.22）．

これらの円錐曲線は，図 2.23 のようにしても作図できる．

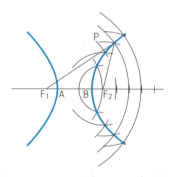

図 2.21　横軸と 2 焦点 F_1, F_2 を用いた双曲線

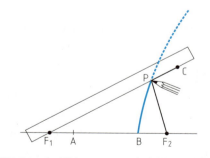

図 2.22　糸（長さ $F_1C - AB$）を用いた双曲線

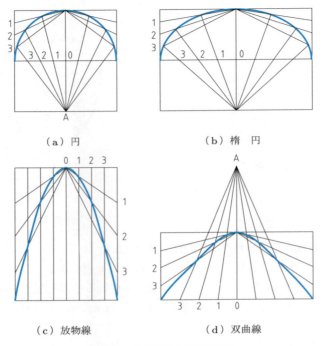

(a) 円　　(b) 楕円　　(c) 放物線　　(d) 双曲線

図 2.23　交点法による円錐曲線

2.6 うずまき線

2.6.1 アルキメデスうずまき線

アルキメデスうずまき線（Archimedean spiral）は，半径が等差級数的に増加し，r：中心との距離，θ：回転角とすると，$r = a\theta$（a：定数）になる曲線である．

例題 2.10　O を極，OA を原線とし，O から出発して 1 回転後，点 P を通るアルキメデスうずまき線を作図せよ（図 2.24）．

[解答]

① OP を 12 等分し（1, 2, 3, ⋯, 12），また，O のまわりの回転角 θ を 30° おきにとる（1′, 2′, 3′, ⋯, 11′）．

② O1 = OP$_1$, O2 = OP$_2$, O3 = OP$_3$, ⋯, O11 = OP$_{11}$ になる P$_1$, P$_2$, P$_3$, ⋯, P$_{11}$ を O1′, O2′, O3′, ⋯, O11′ の各線上に求め，O-P$_1$-P$_2$-⋯-P$_{11}$-P を順次曲線で結べば，アルキメデスうずまき線が得られる．

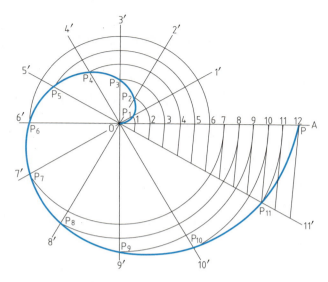

図 2.24 アルキメデスうずまき線

2.6.2 ● 対数うずまき線

対数うずまき線（logarithmic spiral）は，半径が等比級数的に増加し，r：中心との距離，θ：回転角とすると，$r = a^\theta$（a：定数）になる曲線である．

回転角 θ を $30°$（$\pi/6$ rad）おきにとると，$\theta = 0, 30°, 60°, 90°, \cdots$ に対する r を $r_0, r_1, r_2, r_3, \cdots$ とすれば，

$$r_0 = 1, \quad r_1 = a^{\frac{\pi}{6}}, \quad r_2 = a^{\frac{2\pi}{6}}, \quad r_3 = a^{\frac{3\pi}{6}}, \quad \cdots$$

$$\log r_0 = 0, \quad \log r_1 = \frac{\pi}{6}\log a, \quad \log r_2 = \frac{2\pi}{6}\log a, \quad \cdots$$

と表せる．よって，

$$\frac{r_1}{r_0} = \frac{r_2}{r_1} = \frac{r_3}{r_2} = \cdots = a^{\frac{\pi}{6}}$$

$$\log r_1 : \log r_2 : \log r_3 : \cdots = 1 : 2 : 3 : \cdots$$

となる．

例題 2.11 O を極，OP を最初の動径とする対数うずまき線を作図せよ．ただし，$30°$ おきに増加する動径の公比を 1.2 とする（図 2.25）．

> **解答**

30°回転したときの動径の長さは，最初の動径に比べ 1.2 倍であり，順次この比で増加する．

① OP の延長線上，任意の長さを OA とする．O を中心として，OA の 1.2 倍の長さを半径とする円弧と，点 A からの垂線との交点を B とする．OA と OB との長さの比は 1 : 1.2 である．
② 中心 O のまわりの全周を 12 等分（$\theta = 30°$）し，1′，2′，3′，…，12′ とする．
③ 点 P から垂線を立て OB 上に 1 を求めると，O1 = 1.2 × OP となる．1 から OB に対して垂直な線を引いて OA 上に 2 を求め，O2 = 1.2 × O1 とする．このように OB，OA 線上に順次 12 まで点を求める．
④ O1, O2, …, O12 の各長さを，O1′, O2′, …, O12′ の各線上にとり，これらの点を結ぶと対数うずまき線が得られる．

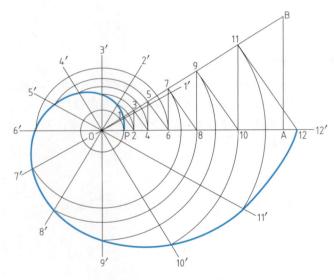

図 2.25　対数うずまき線（動径の公比 1.2）

2.7 ◉ サイクロイド曲線

> **例題 2.12**　円が直線に沿って転がる場合，円とともに動く点 P，Q，R の軌跡を求めよ（図 2.26）．P は円周上，Q は円周の内側，R は円周の外側にある点とする．

2.7 サイクロイド曲線

> **解答**

円が右側に半回転するとき，その中心 O は半円周に等しい距離 OO_6 を移動し，この間に，動点 P は最上位から最下位 P_6 に達する．

① 半円周と OO_6 の長さをともに 6 等分し，それぞれ 1，2，…，6 と O_1，O_2，…，O_6 とする．

② 転がり円の中心が O_1 にきたとき，点 P は P_1 に移動し，また，中心が O_2 にきたとき，P_2 に移動するから，P-P_1-P_2-…-P_6 を順次結べば曲線を得る．転がり円が左側へ転がるときも同様である．

③ 動点 Q，R の場合も同様に作図する．

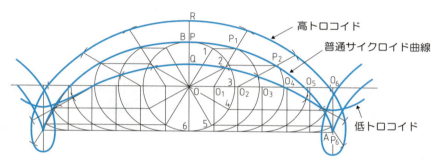

図 2.26　普通サイクロイド曲線†と高（低）トロコイド

☞ 動点 P のように，円周上にある場合の軌跡を**普通サイクロイド曲線**（common cycloid）といい，R のように円周の外にある場合の軌跡を**高トロコイド**（superior trochoid），Q のように円周の内側にある場合の軌跡を**低トロコイド**（inferior trochoid）という．

☞ 図 2.26 に示した動点 P の軌跡は，普通サイクロイド曲線であるが，これを上下逆にした曲線（右図）は**最速降下曲線**とよばれる．この曲線上では，球を点 A から点 B まで転がす場合，最少時間で到達でき，また，左右の違った高さから同時に球を出発させた場合，二つの球は点 B で衝突する．北陸の雪深い永平寺の屋根や中華鍋も，この曲線になっている．これらは，長年にわたる経験から得られたものである．

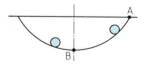

なお，直線上ではなく円（ピッチ円）に沿って転がる場合は（図 2.27），円の外側を転がってできるものが**外転サイクロイド**（epicycloid），内側を転がってできるものが**内転サイクロイド**（hypocycloid）である．これらは**歯車の歯形曲線**として用いられ，その歯形はサイクロイド歯形とよばれる．**サイクロイド歯形は歯先は外転サイク

---

† 転がす円の半径を r とすると，普通サイクロイド曲線と水平線との囲む面積は $3\pi r^2$，曲線の長さは $8r$ となる．

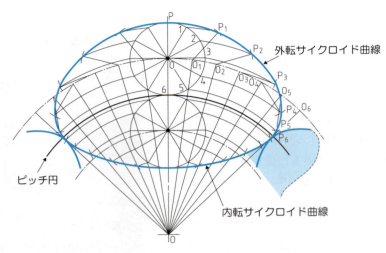

図 2.27 外転および内転サイクロイド曲線

ロイド，歯元は内転サイクロイドからなっている．そして相手歯車との歯の接触は，外転サイクロイドと内転サイクロイドとの間で行われる．また，ピッチ円の直径が無限大の場合には，普通サイクロイドとなり，これはサイクロイドの**基準ラック歯形**（ピッチ円直径∞，歯数∞）となる．

👉 転がり円の大きさによって，サイクロイド歯形[†1]の形状，とくに，歯元曲線の形状は変化する．内転サイクロイドの場合は，転がり円が大きくなると，歯元の厚さが小さくなり，強度が小さくなるから，転がり円の直径は，ピッチ円半径以下に制限される．

2.8 ◉ インボリュート曲線

丸い筒に伸びない糸を巻きつけ，その糸の先端に鉛筆をつけて，糸をゆるまないように引張りながらほどいていくとき（図 2.28），鉛筆により曲線が描かれるが，同じように，糸の上の任意の各点も図に示すように曲線を描く．これが**インボリュート曲線**（involute curve）で，**巻出線，伸開線，漸伸線**ともいわれ，歯車[†2]の歯形曲線と

[†1] サイクロイド歯車の長所は以下の 3 点である．① 凸面と凹面とのかみ合いであるので，接触条件がよく，潤滑油膜の形成に都合がよい（図 2.27 の着色部分がそれ）．② 歯面同士の**すべり率**がどの部分でも**一定**であるので，摩耗が一様に起こり，精密機械用に向く．③ 最小歯数を小さくとれる．しかし，短所としては，製作に手間がかかるので，これを円弧で近似した修正**サイクロイド歯形**が時計や計器類の歯車に使用されている．

[†2] インボリュート歯形は，一つのインボリュート曲線より成り立っており，サイクロイド歯形が，ピッチ点から歯末，歯元にかけて二つのサイクロイド曲線からなっているのと大きく異なっている．インボリュート歯形は，直線刃のラックによる創成法で簡単に得られるので，製作が容易であり，動力伝達用として自動車そのほか機械部品の歯車のほとんどがこれである．

2.8 インボリュート曲線

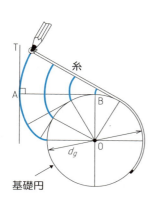

図 2.28 糸を用いたインボリュート曲線

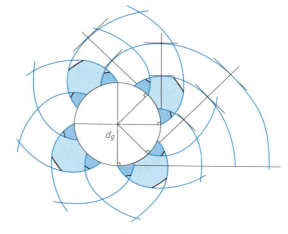

図 2.29 正逆 8 本ずつのインボリュート曲線
（小歯形 8 枚，大歯形 4 枚が作られる）

して用いられている．

インボリュート曲線が描かれる基礎となる円を**基礎円**（base circle）といい，基礎円が同じ大きさならば，どのインボリュート曲線も同じ形となる．

☞ 図 2.28 に示すように，インボリュート曲線の法線は，張っている糸であり，基礎円への接線である．このため，インボリュート曲線上の任意の点 A から基礎円に接線 AB を引けば，これは，点 A におけるインボリュート曲線の接線 T と必ず直交する．これより，一対の歯車において，両歯面すなわち，二つのインボリュート曲線が接するとき，接点における**共通法線**は，二つの基礎円の**共通接線**になるので，動力の伝達に際して，両歯面のかみ合いは円滑に行われる．

図 2.29 は，基礎円上にこれらの曲線を数多く描いて，歯車の歯形曲線として示したものである．（基礎円直径 d_g は，歯数 Z，歯の大きさ m（モジュール），および圧力角 α により，$d_g = mZ \cos \alpha$ として定まる）．

例題 2.13 円 O のインボリュート曲線を 4 本描け（図 2.30）．

解答
① 円の円周長さを作図（例題 2.7 参照）により求め，これに等しく OA をとる．
② OA を 12 等分し（1′, 2′, …, 12′），円周も 12 等分する（1, 2, …, 12）．
③ 円周上の各点において接線を引き，O1′ = 1P$_1$，O2′ = 2P$_2$, …，O11′ = 11P$_{11}$ となるよう接線上に，P$_1$, P$_2$, …, P$_{11}$ の各点を求め，これらの点を結ぶ．
④ 同様に，円周上の 3，6，9 の各点からもインボリュート曲線を描く．

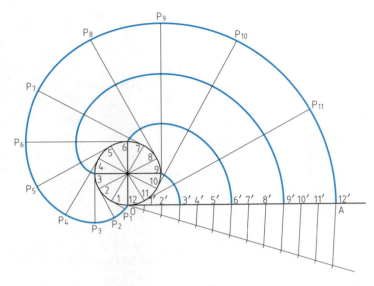

図 2.30 インボリュート曲線（4本）

2.9 ◉ ハート曲線

ハート曲線（heart curve）は，工作機械や内燃機関などの**カム**（cam，運動の方向を変える機械要素）として，**等速往復運動**を行う機構に用いられる．この曲線は，左右のアルキメデスうずまき線よりなる．

例題 2.14 基礎円半径の 3 倍のストロークをもって，等速往復運動を行う**ハートカム**（heart cam）の輪郭線を描け（図 2.31）．

解答
① 基礎円の円周を 12 等分し（$1'$, $2'$, $\cdots$, $6'$），中心 O から，これらの点を通る延長線を引く．
② 題意により，半回転したときの中心からの距離が，基礎円半径の 4 倍の長さなので，$OP_6 = 4OP$ になるよう P_6 を求める．
③ 基礎円の最下端 $6'$ と P_6 の間を 6 等分し（1, 2, $\cdots$, 5），$O1 = OP_1$，$O2 = OP_2$，$\cdots$，$O5 = OP_5$ になるように P_1，P_2，$\cdots$，P_5 の各点を求め，これらを曲線で結ぶ．左側も同様に曲線を描く．なお P と P_1 との中間にもう 1 点求めれば，より正確な曲線が得られる．

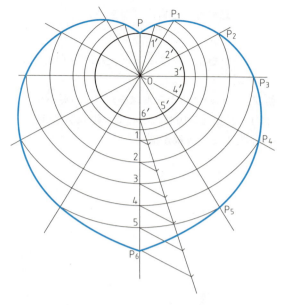

図 2.31　ハート曲線

2.10 ◉ 経線と緯線

　球面などの展開不可能な曲面を近似展開する場合には，曲面を小さな面積に分割し，それらを近似的に展開する方法（分割法）が多く使われる．分割法には，**経線**や**緯線**が用いられる．分割法について，詳しくは 5.4 節で述べる．

> **例題 2.15**　与えられた球の経線を描け（図 2.32）．

- 解答 -
① 軸上の OB を 4 等分して，各点を 1，2，3 とする．N，1，S の 3 点を通る円弧の中心は，軸 AB 上にあるから，N，1 を直線で結び，これの中点より垂線を立てて，軸 AB との交点を 1′ とすると，1′ は N，1，S の 3 点を通る円弧の中心である．この円弧が経線となる．
② 同様に，円弧の中心 2′，3′ が求められ，経線が描ける．

例題 2.16 与えられた球の緯線を描け（図 2.33）．

解答

① 軸 NO を 4 等分して各点を 1，2，3 とし，また，1/4 円周 AN を 4 等分して，各点を 1′，2′，3′ とする．
② 1，1′ を直線で結び，これの中点から垂線を立てて，軸 NS の延長線との交点を 1″ とすると，これは 1，1′ を通る円弧の中心で，緯線が描ける．
③ 同様に 2″，3″ を中心として，緯線が描ける．

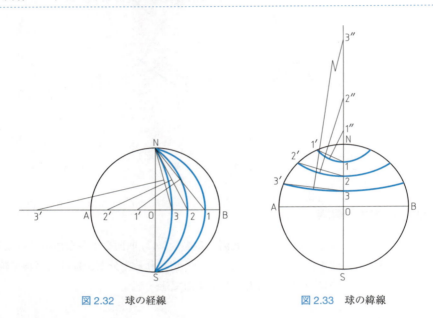

図 2.32　球の経線　　　図 2.33　球の緯線

演習問題

2.1　直径 10 cm の円の周囲を 7 等分し，正七角形を描け．
2.2　直径 12 cm の円に内接する正十角形を描け．
2.3　1 辺の長さ 4 cm の正八角形を描け．
2.4　1 辺の長さ 6 cm の正五角形を描け．
2.5　半径 6 cm，中心角 60° の円弧の長さに等しい線分を求めよ．
2.6　半径 6 cm の円周上に，長さ 5 cm の円弧を切りとれ．
2.7　直径 4 cm の円の円周長さを作図により求めよ．
2.8　直径 6 cm の円の半円周長さを作図により求めよ．
2.9　16 cm の円周長さをもつ円を描け．
2.10　準線と焦点の距離を 2.5 cm として，離心率 $e = 3/4$ の楕円，$e = 4/3$ の双曲線，お

および放物線を作図せよ．

2.11 長軸 12 cm，焦点 F_1，F_2 の間隔 9 cm の楕円を作図せよ．

2.12 長軸 12 cm，短軸 8 cm の楕円を作図せよ．

2.13 1 対の共役軸をそれぞれ 9 cm，12 cm としたときの
  (1) 楕円　(2) 放物線　(3) 双曲線
  を作図せよ．

2.14 1 回転後，10 cm の半径をもつアルキメデスうずまき線を作図せよ．

2.15 最初の半径 1 cm，動径の回転角 30°おきに増加する公比を 1.2 とするときの対数うずまき線を作図せよ．

2.16 直径 4 cm の円が直線に沿って転がるとき，円上の点 P の軌跡，すなわちサイクロイド曲線を作図せよ．また，円の外側 1 cm の点 R の軌跡（高トロコイド），円の内側 1 cm の点 Q の軌跡（低トロコイド）も作図せよ．

2.17 半径 7 cm の円に沿って，直径 3 cm の円が転がる場合の外転サイクロイド曲線および内転サイクロイド曲線を作図せよ．

2.18 基礎円直径 3 cm のインボリュート曲線を作図せよ．

2.19 基礎円直径 4 cm の周囲より，左右それぞれの向きに，8 本のインボリュート曲線を描き，歯車を作図せよ．

2.20 1 辺の長さ 4 cm の正五角形のまわりに展開するインボリュート曲線を作図せよ．

2.21 基礎円半径 2 cm，最長半径 8 cm をもつハート曲線を作図せよ．

2.22 直径 8 cm の球の経線と緯線を作図せよ．

点，直線および平面の投影

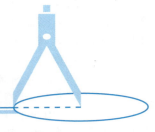

　正投影に関する一般的な方式を簡単に説明する．第三角法では，図3.1(a)のように，正面，水平面，側面の**主投影面**（principal plane of projection）内に物体を置き，図(b)，(c)のように，水平面と側面を切りさき展開すると，図(d)のような配置になる．第一角法では，平面図が正面図の下に配置される．これが二つの方法の違いである．

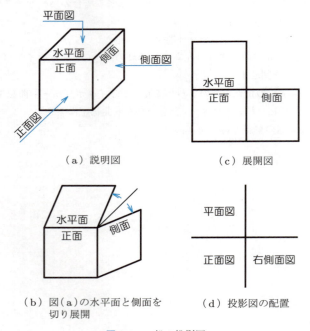

(a) 説明図

(c) 展開図

(b) 図(a)の水平面と側面を切り展開

(d) 投影図の配置

図3.1　一般の投影図

　投影図は，図3.2のように全主投影面を展開すると六つできるが，一般には，図3.1のように三つの投影図で十分で，簡単な物体の場合には正面図と平面図，または正面図と右側面図（左側面図の場合もある）の二つの投影図で示すのが普通である．
　投影する物体が複雑で，図3.1のように正面図，平面図および右側面図だけでは物体の形状が理解しにくい場合は，上記3投影図のほかに，左側面図または底面図を描

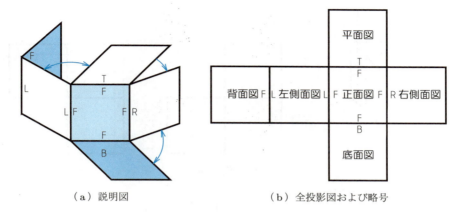

（a）説明図　　　　　　　　　（b）全投影図および略号

図 3.2　全投影図

くこともある．しかしこれは特別な場合で，一般には 3 投影図で十分である．

作図時間を節約するためには，描く投影図の数はできる限り少ない方がよい．しかし，物体の形状の理解が困難になることは避けなければならない．

☞ 第 3 章は，図学の基礎である．線（直線・曲線）は，点の集合であり，面（平面・曲面）は，直線・曲線の集合である．また，立体（多面体・曲面体）は，直線・曲線の回転体であり，集合である．よく勉学して，この章を徹底的に理解してほしい．

3.1 ◉ 点の主投影図

図 3.3(a) における平面 F および平面 T を，**正面投影面**（frontal projecting plane），**水平投影面**（horizontal projecting plane）といい，平面 R を**側投影面**（profile projecting plane）という．

これらの投影面に描かれた主投影図をそれぞれ**正面図**（front view），**平面図**（top view），**右側面図**（right side view）という．主投影図においては，正面図には F，平面図には T，右側面図には R の添字を付け，それぞれ a_F，a_T，a_R などと記入する．

図 3.3(b) は，三つの主投影図を正面図と同一平面にした場合の説明図で，平面図 a_T と基準線 F.L.1 との距離，右側面図 a_R と基準線 F.L.2 との距離がともに点 A と平面 F との距離 l_F を表している．なお，正面図 a_F と基準線 F.L.1 との距離は，点 A と平面 T との距離 l_T を表している．

対応する図を結ぶ直線を投影対応線といい，投影対応線は基準線に垂直になる．工学製図においては投影対応線を描かないが，図学においては必要に応じて描く．投影対応線を描くときには，細い実線か，細い破線が用いられる．本書では細い実線を用

第3章 点，直線および平面の投影

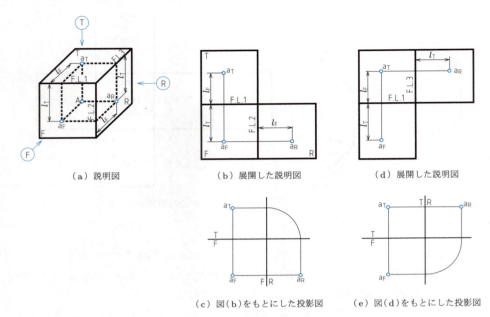

図 3.3 点の主投影図の説明

いている．

図 3.3(c) は，説明図 (b) をもとに点 A の正面図 a_F，平面図 a_T が与えられて右側面図 a_R を求める図であって，**点の主投影図の表し方**を示す．基準線の両側に $\frac{T}{F}$ のように投影図の略号を記入する．

図 3.3(d) は，図 (b) と異なり，三つの主投影図を平面図と同一平面にした場合の説明図で，正面図 a_F と基準線 F.L.1 との距離，右側面図 a_R と F.L.3 との距離がともに点 A と平面 T との距離 l_T を表している．なお，平面図 a_T と基準線 F.L.1 との距離は，点 A と平面 F との距離 l_F を表している．

図 3.3(e) は，説明図 (d) をもとに点 A の正面図 a_F，平面図 a_T が与えられたときの右側面図 a_R を求める図である．

☞ 一般には，点 A の投影図は a_F，a_T だけで十分である．図 (c)，(e) は点 A と平面 F および平面 T との距離の関係，あるいは右側面図 a_R の描き方を示したものである．

3.2 ◉ 直線の主投影図

一般に直線の主投影図は，図 3.4 のように，両端の点 A と点 B の正面図 a_F と

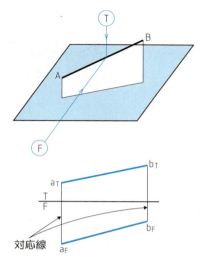

図 3.4　直線の主投影図

b_F，および平面図 a_T と b_T をそれぞれ結べばよい．ここで，$a_F b_F$，$a_T b_T$ は直線 AB の投影された長さであって実長ではない．

3.2.1 ● 一般的な位置にある直線

　一般的な位置にある直線の投影図は，次項で述べる特別な位置にある場合を除いて，どの図でも基準線に対して斜め方向で，さきに述べたように長さは実際より短く投影されている（図 3.4）．

　図 3.4 のように，一般には基準線および対応線を描くが，対応線が描かれているときは，まれに基準線を描かない場合もある（図 5.4，図 5.6）．

3.2.2 ● 特別な位置にある直線
(a) 視線[†]に平行な直線

　図 3.5(a) の平面図をみたときのように，視線に平行な向きにある直線 AB の投影は，点となる．このような図を，その直線の**点視図**（point view）という．

　直線に垂直な視線による投影図には，直線の実長が表されるから，点に見える図の隣接図（(a) の正面図）には直線の実長が表される．

(b) 両投影面に平行な直線

　図 (b) の直線 CD は両投影面に平行な直線で，側面図では点となり，$c_F d_F = c_T d_T =$

[†] 物体を見て，投影面に投影する場合，視点（目の位置）と物体を結ぶ線を視線（visual line）という．

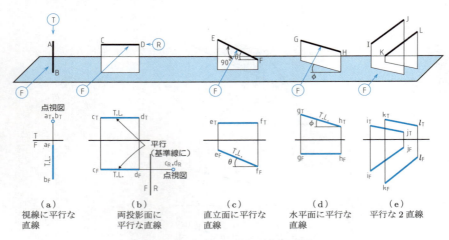

図 3.5 特別な位置にある直線の主投影図

実長である．

(c) 1 投影面に平行な直線

図(c)の直線 EF は直立面に平行な直線で，このとき，$e_F f_F$ は実長で角 θ は**水平傾角**[†]である．また，図(d)の直線 GH は水平面に平行な直線で，このとき，$g_T h_T$ は実長で角 ϕ は**直立傾角**[†]である．

(d) 平行な 2 直線

図(e)のような平行な 2 直線 IJ，KL は，どの方向から投影しても平行である．また逆に，どの投影図でも平行に見える 2 直線は，実際にも平行な 2 直線である．

☞ 図 3.6 のように，二つの図の投影が基準線に垂直な場合には，この二つの投影図で $a_F b_F$ と $c_F d_F$，$a_T b_T$ と $c_T d_T$ が平行であっても，実際には平行でないことがあるから注意しなければならない．このときは三つ目の図を描けばよい．

[†] 直線が水平面となす角を水平傾角 (slope angle)，直立面となす角を直立傾角 (frontal angle) という．

3.2 直線の主投影図　33

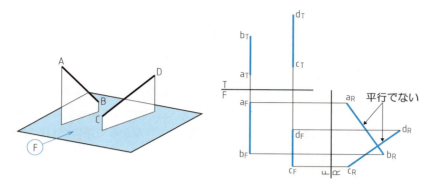

図 3.6　平行でない 2 直線の投影図

3.2.3 ● 直線上にある点の投影

　直線上にある点の投影は，どの投影図でも直線の投影上にある．図 3.7(a) の正面図，平面図の二つの図で，点 M のように直線 AB の投影と重なっていれば，点 M は直線 AB 上にある．点 N_1，N_2 は直線 AB 上にない．

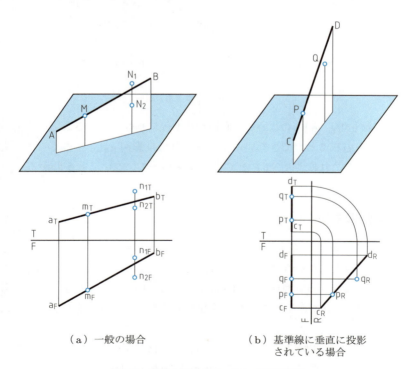

(a) 一般の場合　　　　(b) 基準線に垂直に投影
　　　　　　　　　　　　　されている場合

図 3.7　直線上にある点，ない点の投影図

直線が基準線に垂直に投影されているときは例外で，図 3.7(b) のように，もう一つ別の投影図をつくって確かめなければならない．

3.2.4 ● 相交わる 2 直線

2 直線が交わっているならば，交点は 2 直線に共通な点だから，前項で述べたように，その交点の投影は，二つ以上の投影図上で対応しなければならない．図 3.8(a) の直線 AB と直線 CD とは，交点の両投影が対応しているから実際に交わっている．

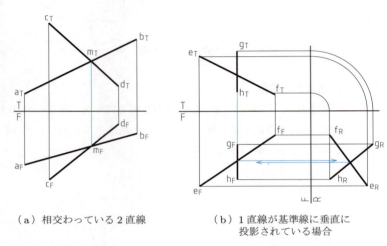

（a）相交わっている 2 直線　　（b）1 直線が基準線に垂直に投影されている場合

図 3.8　相交わる 2 直線

図 (b) の直線 $g_T h_T$，$g_F h_F$ のように，直線が基準線に垂直に投影されている場合は，交点の対応を定めることができないので，三つ目の投影図 $g_R h_R$ をつくって，交点の対応を確かめる．これにより，EF と GH とは交わっていないことがわかる．

3.3 ◉ 平面の主投影図

3.3.1 ● 平面の表示

平面は，1 直線上にない 3 点によって決定される（図 3.9(a)）．そのほか，1 直線とその直線上にない 1 点（図 (b)），相交わる 2 直線（図 (c)），平行な 2 直線（図 (d)）および平面図形（三角形，平行四辺形，長方形など（図 (e)）などを与えることによっても平面を表示することができる．

しかし平行 2 直線，相交わる 2 直線による投影図は，平面という実感に乏しいのであまり使われない．本書では，主として三角形または長方形を用いて平面を表示する．

3.3 平面の主投影図　35

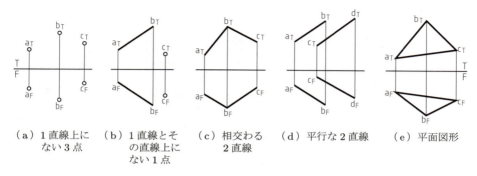

(a) 1直線上に
　　ない3点

(b) 1直線とそ
　　の直線上に
　　ない1点

(c) 相交わる
　　2直線

(d) 平行な2直線

(e) 平面図形

図 3.9　平面の表示

3.3.2 ● 一般的な位置にある平面

　一般的な位置にある平面は，次項で述べる特別な位置にある場合を除いて，直立面，水平面に対して傾いている．このとき，その投影図は実形を表してはいない（図 3.10）．

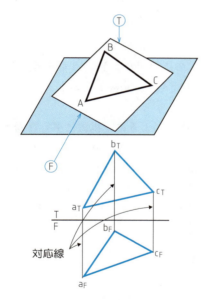

図 3.10　一般の位置にある平面の主投影図

3.3.3 ● 特別な位置にある平面

　平面でも，視線との相対的な角度によって，投影図が特別な形となる場合がある．

(a) 視線に垂直な平面

　図 3.11(a)の正面図，(b)の平面図は視線に垂直な向きの平面で，その投影図は平

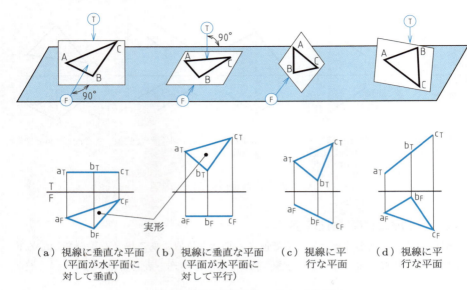

(a) 視線に垂直な平面　(b) 視線に垂直な平面　(c) 視線に平　(d) 視線に平
　　（平面が水平面に　　　（平面が水平面に　　　行な平面　　　行な平面
　　　対して垂直）　　　　　対して平行）

図 3.11　特別な位置にある平面の主投影図

面の実形となり，隣接図では，投影面の投影である基準線に平行な直線となる．

この図(a)の平面図，図(b)の正面図のように，平面を縁から見て，投影が直線となっている図を，その平面の**端視図**（edge view）という．

(b) 視線に平行な平面

図(c)の正面図，(d)の平面図のように，視線に平行な向きにある平面の投影は直線となる．しかし，図(a)，(b)と違って，基準線に対しては斜めであるから，隣接図は実形ではない（基準線に平行となる場合は，図(a)，(b)に等しい）．

👉 平面の投影において，平面の投影図が基準線に平行な直線となる投影図の隣接図では，平面の実形を示す（図(a)，(b)）．これは平面の実形を求める場合，しばしば利用される．詳細は 3.6 節の平面の副投影図で説明する．

3.3.4 ● 平面上の点，直線

(a) 平面上の点

例題 3.1　三角形 ABC 上の点 P の平面図 p_T が与えられたとき，点 P の正面図 p_F を求めよ（図 3.12）．

[解答]

① 平面図において，a_T と p_T とを結び $b_T c_T$ との交点を d_T とする．
② 直線 AD は三角形 ABC 上の直線である．点 D は直線 BC 上の点であるから，d_T から対応線を引き，正面図において $b_F c_F$ との交点 d_F を求める．

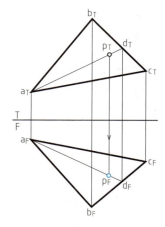
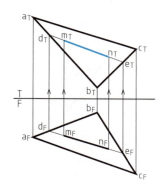

図 3.12　平面上の点の正面図を求める作図　　図 3.13　平面上の直線の平面図を求める作図

③ $a_F d_F$ を結ぶと，点 P は直線 AD 上の点であるから，p_T からの対応線と $a_F d_F$ との交点として p_F が求められる．

(b) 平面上の直線

例題 3.2　三角形 ABC 上にある直線 MN の正面図 $m_F n_F$ が与えられたとき，直線 MN の平面図 $m_T n_T$ を求めよ（図 3.13）．

解答

① $m_F n_F$ を左右に延長して，$a_F b_F$ および $c_F b_F$ に交わる点 d_F および e_F が，それぞれ辺 AB，BC 上の点 D および点 E の正面図である．
② 直線 MN は直線 DE 上にあるため，直線 MN の平面図は $d_T e_T$ を結ぶ直線である．
③ m_F，n_F からの対応によって $m_T n_T$ が求められる．

(c) 平面上の特別な直線

　三角形 ABC 上の直線 DE が，正面図で基準線と平行な直線 $d_F e_F$ のとき，その平面図 $d_T e_T$ は図 3.13 の順序に従って作図し，図 3.14(a) のように求められる．このとき，平面図 $d_T e_T$ は実長となる．
　また，三角形 ABC 上の直線 FG が，平面図で基準線と平行な直線 $f_T g_T$ のとき，その正面図 $f_F g_F$ は図 3.13 の順序に従って作図し，図(b)のように求められる．このとき，正面図 $f_F g_F$ は実長となる．

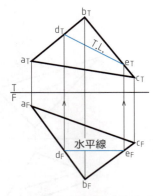
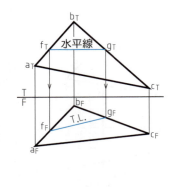

(a) 正面図に基準線と平行な直線の投影が与えられた場合
(b) 平面図に基準線と平行な直線の投影が与えられた場合

図 3.14 平面上の特別な直線の投影図

3.4 ◉ 点の副投影図

副投影図を利用することは，点と直線との距離，直線の実長，平面の実形，2 平面間の角などを求めるのに有用な手段である．以下，3.4～3.6 節でそれぞれについて述べる．

2 平面 T, F のいずれか一方に垂直で，他方に垂直でない投影面を**副投影面**（auxiliary plane of projection）といい，さらに副投影面に垂直な投影面も副投影面という．副投影面を略して**副平面**ともいう．

副平面上の図を，副投影図または**副図**（auxiliary view）という．このときの主副両投影面の交線を**副基準線**（auxiliary ground line）という．

3.4.1 ● 点の副正面図

図 3.15(a) において，平面 1 は平面 T に垂直な副平面である．副平面 1 上の a_1 は点 A の副投影図で，副平面の番号 1 を添字としてつける．a_1 を**副正面図**という．副正面図 a_1 と副基準線 $\dfrac{T}{1}$ までの距離が，点 A と水平面 T との距離 l_T を表す．

図 3.15(b) は，説明図 (a) で基準線 $\dfrac{T}{F}$ を軸として平面 F を 90° 回転して，また副基準線 $\dfrac{T}{1}$ を軸として平面 1 を 90° 回転して，平面 T とそれぞれ同一平面にし，平面 T に垂直な視線で見た図である．

3.4 点の副投影図　39

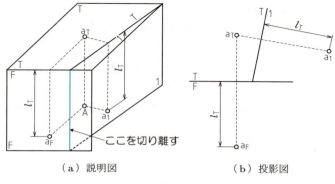

（a）説明図　　　　　（b）投影図

図 3.15　点の副正面図

3.4.2 ● 点の副平面図

図 3.16(a)において，平面 1 は平面 F に垂直な副平面である．a_1 は点 A の**副平面図**である．副平面図 a_1 と副基準線 $\dfrac{F}{1}$ までの距離が，点 A と平面 F との距離 l_F を表す．

図 3.16(b)は，説明図(a)で基準線 $\dfrac{T}{F}$ を軸として平面 T を 90°回転して，また副基準線 $\dfrac{F}{1}$ を軸として平面 1 を 90°回転して，平面 F とそれぞれ同一平面にし，平面 F に垂直な視線で見た図である．

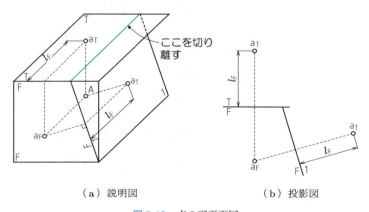

（a）説明図　　　　　（b）投影図

図 3.16　点の副平面図

3.4.3 ● 点の連続した副投影図

図 3.17 は，平面 T に垂直な副平面 1，副平面 1 に垂直な副平面 2 をつくり，それぞれ副投影図 a_1，a_2 を求めたものである．

平面 F を平面 T に垂直を保ちながら平面 1 の位置まで回転して副投影図 a_1 を求め，次に平面 T を平面 1 に垂直に保ちながら平面 2 の位置まで回転して副投影図 a_2 を求めたものである．l_1，l_2 はそれぞれ点 A と平面 T，平面 1 までの距離である．

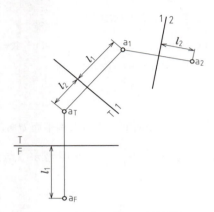

図 3.17　点の連続した副投影図

3.5 ◉ 直線の副投影図

例題 3.3　正面図，平面図が与えられた直線 AB の副投影図を求めよ（図 3.18）．

解答

直線の副投影図は，両端の点の副投影を結べば求めることができる．

① 副基準線 $\dfrac{F}{1}$ に対する直線 AB の副投影は $a_1 b_1$ で，$a_F a_1$ および $b_F b_1$ は副基準線に垂直である．$a_1 a_{10} = a_T a_0 = l_1$，$b_1 b_{10} = b_T b_0 = l_2$ とする．

② 副基準線 $\dfrac{2}{T}$ に対する直線 AB の副投影は $a_2 b_2$ で，$a_T a_2$ および $b_T b_2$ は副基準線に垂直である．$a_2 a_{20} = a_F a_0 = l_3$，$b_2 b_{20} = b_F b_0 = l_4$ とする．

3.5 直線の副投影図　41

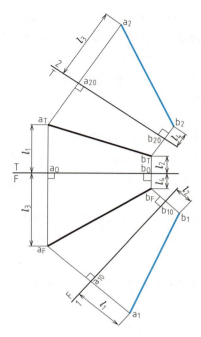

図 3.18　直線の副投影図

3.5.1 ● 直線の実長が表されている投影

3.2.2 項で示した主投影図に実長が表されている直線において（図 3.5），投影図に実長が表されているときの直線と投影図との相互関係を考えてみる．

視線に垂直な直線は，実長が図面に表される．すなわち，水平な直線は上面からの視線に垂直だから平面図（図 3.19(a)）に，直立面に平行な直線は平面からの視線に垂直だから正面図（図(b)）に，それぞれ実長が表される．これらの実長が表されて

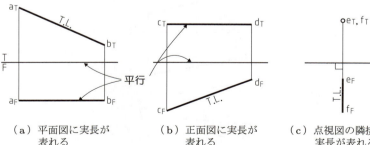

（a）平面図に実長が　　（b）正面図に実長が　　（c）点視図の隣接図に
　　 表れる　　　　　　　　　 表れる　　　　　　　　　実長が表れる

図 3.19　直線の実長

いる図の隣接図を見ると，それらの図はどちらも基準線に平行に投影されている．

また，視線に平行な直線は，平面図（または正面図，側面図）では点として，その隣接図では実長として表される（図(c)）．

ゆえに，直線の実長が表されている投影図の隣接図は，① 基準線に平行な直線，② 点視図の二つの場合がある．

3.5.2 ● 直線の実長および投影図となす角の実角

3.2.2 項で述べたように，直線が投影面に対してなす角を，その**直線の傾角**（直立傾角 ϕ，水平傾角 θ）という．

例題 3.4 正面図，平面図が与えられた直線 AB の実長，およびその直立傾角 ϕ，水平傾角 θ を求めよ（図 3.20）．

解答

直線の傾角は，直線の**実長**を表す図に実角が表される．

① $a_F b_F$ に平行に副基準線 $\dfrac{F}{1}$ を引き，副投影図 $a_1 b_1$ を描くと，3.2.2 項のように $a_1 b_1$ は直線 AB の実長で，角 ϕ は実角で直立傾角である．

② $a_T b_T$ に平行に副基準線 $\dfrac{T}{2}$ を引き，副投影図 $a_2 b_2$ を描くと，$a_2 b_2$ も実長で，角 θ は実角で水平傾角である．

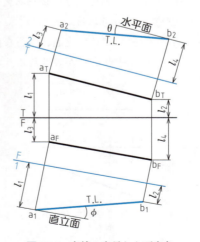

図 3.20　直線の実長および実角

3.5.3 ● 平行2直線間の距離

互いに平行な2直線は，どの投影図でも平行に見えることは，3.2.2項で述べた．平行直線間の距離を知ることは，実用上でも必要なことが多い．

平行2直線 AB，CD の間の実距離を図に示す方法は，平行直線を同時に点視図に示す方法がもっとも直接的である．

例題 3.5 平行2直線 AB，CD の正面図，平面図が与えられているとき，その2直線間の実距離を求めよ（図 3.21）．

解答

① 直線 AB，CD の実長の図をつくる．$a_F b_F$ および $c_F d_F$ に平行に副基準線 $\dfrac{F}{1}$ を引き，副投影図を描くと $a_1 b_1$，$c_1 d_1$ は実長となる．

② $a_1 b_1$，$c_1 d_1$ に垂直に，副基準線 $\dfrac{1}{2}$ を引き点視図 $a_2 b_2$，$c_2 d_2$ を描く．

③ $a_2 b_2$ と $c_2 d_2$ の間の距離 l が，平行2直線間の実距離である．

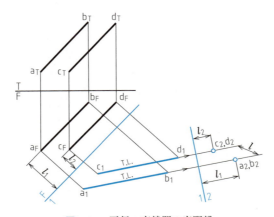

図 3.21 平行2直線間の実距離

3.5.4 ● 直交2直線

直角に交わる2直線は，2直線の両方あるいは一方が投影面に平行な場合，すなわち，その投影がその実長を表している場合に，その投影図への投影が直角になる．

例題 3.6 点 P と直線 AB の正面図，平面図が与えられているとき，点 P から直線 AB に下ろした**垂線**の実長および足 Q を求めよ（図 3.22）．

解答

$a_T b_T$，$a_F b_F$ は実長でないから，p_T あるいは p_F から，$a_T b_T$ あるいは $a_F b_F$ に直接垂線を下ろすわけにはいかない．

① $a_F b_F$ に平行に副基準線 $\dfrac{F}{1}$ を引くと，副投影 $a_1 b_1$ は実長になるから，p_1 から $a_1 b_1$ に垂線 $p_1 q_1$ を引く．

② q_1 は交点 Q の副投影であるから，これより $a_F b_F$ 上に q_F，さらに $a_T b_T$ 上に q_T を求める．

③ $p_1 q_1$ に平行に副基準線 $\dfrac{1}{2}$ を引くと，AB の点視図は $a_2 b_2$ になり，垂線 PQ の実長は $p_2 q_2$ である．また別に，PQ の投影に平行にとった副基準線 $\dfrac{F}{3}$ による図をつくってもよい．

☞ この作図は「点から直線への最短距離（垂線）」の問題に利用できる（作図は同じである）．

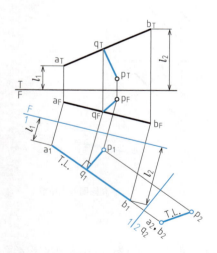

図 3.22 点から直線に下した垂線の実長

例題 3.7 水平な直線 AB と点 O の正面図，平面図が与えられているとき，直線 AB に接し，点 O を中心とする球を求めよ（図 3.23）．

> **解答**

点 O から直線 AB に下ろした垂線の足 P が球と AB との接点で，直線 OP の実長が球の半径になる．

① $a_T b_T$ は実長であるから，o から $a_T b_T$ に下ろした垂線の足が p_T で，p_T より p_F を求める．
② OP の実長 $o_F p'_F$ を求めるため，o_T を中心として半径 $o_T p_T$ で円弧を描き，基準線に平行な $o_T p'_T$ を求める（例題 3.16 参照）．
③ $a_F b_F$ 上に p'_T の対応点 p'_F が求められれば，$o_F p'_F$ は OP の実長となる．$o_F p'_F$ を半径とし o_F および o_T を中心として円を描けば，この円が求める球である．

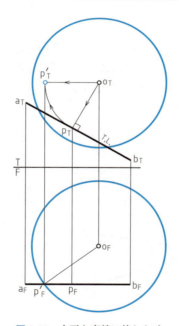

図 3.23 水平な直線に接した球

3.5.5 ● ねじれの位置にある 2 直線間の距離および共通垂線

平行でもなく交わってもいない 2 直線は，同じ平面内にはなく，3 次元の広がりにある．このような関係の 2 直線を，ねじれの位置にあるという．

2 直線間の距離とは，2 直線間の最短距離のことであり，2 直線を最短で結ぶ直線は，両直線に垂直に交わる共通垂線となる．

したがって，共通垂線の実長を求めることは，2 直線間の最短距離を求めることに

なる．

例題 3.8 ねじれの位置にある直線 AB, CD の正面図，平面図が与えられたとき，副投影図を利用して，この 2 直線間の距離を求めよ（図 3.24）．

解答
ねじれの位置にある 2 直線に関係した問題は，直線の副投影を用い，点視図をつくって解く方法が簡単でわかりやすく，多く用いられる．

① $a_T b_T$ に平行に副基準線 $\dfrac{T}{1}$ を引くと，$a_1 b_1$ は実長である．$a_1 b_1$ に垂直に副基準線 $\dfrac{1}{2}$ を引き，点視図 $a_2 b_2$ を描く．

② 点視図 $a_2 b_2$ より直線 $c_2 d_2$ に垂線を引き，直線 $c_2 d_2$ に交わる点 q_2 を求める．

③ 直線 $p_2 q_2$ すなわち距離 l が 2 直線 AB, CD 間の距離である．

④ 点 q_2 より q_1, q_T, q_F を求め，また点 p_2, q_1 より p_1, p_T, p_F を求めれば，$p_F q_F$, $p_T q_T$ は共通垂線である．

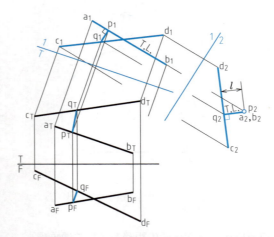

図 3.24 ねじれの位置にある 2 直線間の距離（共通垂線の実長）

例題 3.9 1 点 P と，ねじれの位置にある直線 AB, CD の正面図，平面図が与えられたとき，点 P を通って，直線 AB, CD の双方に交わる直線を求めよ（図 3.25）．

> **解答**

① $c_F d_F$ に平行に副基準線 $\dfrac{F}{1}$ を引き，副投影 $c_1 d_1$ を作図すると，$c_1 d_1$ は実長である．

② 副投影 $c_1 d_1$ に直角に副基準線 $\dfrac{1}{2}$ を引くと，点視図 $c_2 d_2$ が求められる．

③ 点 P の副投影 p_2 と点視図 $c_2 d_2$ を結び，副投影 $a_2 b_2$ と交わる点を q_2 とする．

④ q_2 から $\dfrac{1}{2}$ に垂直線を引き，副投影 $a_1 b_1$ と交わる点を q_1 とし，副投影 $p_1 q_1$ が $c_1 d_1$ と交わる点を r_1 とする．

⑤ q_1, r_1 より $\dfrac{F}{1}$ に垂直線を引き，$a_F b_F$ および $c_F d_F$ と交わる点を q_F, r_F とする．

⑥ q_F, r_F より同様にして q_T, r_T を求める．

⑦ 直線 PQR（$p_F q_F r_F$, $p_T q_T r_T$）が求める直線である．

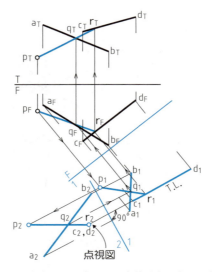

図 3.25　与えられた点から 2 直線双方に交わる直線

3.6 ◉ 平面の副投影図

3.6.1 ● 平面図形の実形

与えられた平面に平行な投影面上の図は，与えられた平面の実形を表す．

与えられた平面に平行な投影図を求めるには，その端視図（直線視図）をつくり，端視図に平行な副基準線を引き，その副投影図を作図する．

例題 3.10 正面図，平面図が与えられた三角形 ABC の実形を求めよ（図 3.26）．

解答

① 正面図 $a_F b_F c_F$ で c_F より基準線 $\dfrac{T}{F}$ に水平な線 $c_F d_F$ を引けば，平面図にその実長 $c_T d_T$ が求められる．

② $c_T d_T$ に垂直に副基準線 $\dfrac{T}{1}$ をつくり，$c_T d_T$ の点視図 $c_1 d_1$ および三角形 $a_T b_T c_T$ の端視図（直線視図）$a_1 b_1$ を求める．

③ $a_1 b_1$ に平行な副基準線 $\dfrac{1}{2}$ を引き，その副投影図 $a_2 b_2 c_2$ を作図すれば，三角形 $a_2 b_2 c_2$ が求める実形である．

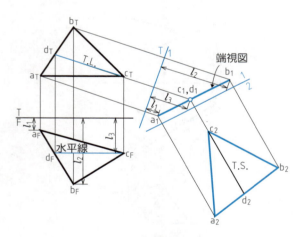

図 3.26　平面図形の実形

3.6.2 ● 2 平面間の角

交わっている 2 平面間の角は，二つの面を両方とも直線視図にしたとき，その投影のなす角をいう（図 3.27）．

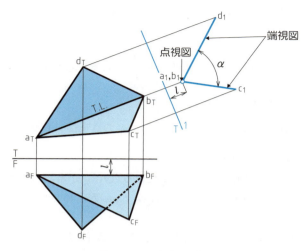

図 3.27 2 平面間の角

> **例題 3.11** 正面図,平面図が与えられた三角形 ABC と三角形 ABD との間の角 α の実角を求めよ(図 3.27).

> **解答**

① 正面図 $a_F b_F$ が $\dfrac{T}{F}$ に平行であるから平面図 $a_T b_T$ は実長である.

② $a_T b_T$ に垂直に副基準線 $\dfrac{T}{1}$ を引き,$a_T b_T$ の点視図を求め,副投影図 $c_1 a_1 b_1 d_1$ を作図すれば角 α が実角である.

正面図 $a_F b_F$ が $\dfrac{T}{F}$ に平行でない一般の場合は,正面図 $a_F b_F$ または平面図 $a_T b_T$ に平行な副基準線を引けば上記と同様になるから,その実長に対する点視図をつくり,副投影図を求めればよい.なお,この 2 平面の実角は,例題 3.17 で後述する回転法によっても求められる.

3.6.3 ● 2 平面の交わり

2 平面が交わってできる直線の作図法は,副投影によって求める方法がある.このほか補助平面を用いる作図法もある.

> **例題 3.12** 正面図,平面図が与えられた三角形 ABC と三角形 DEF とが交わっ

てできる直線を求めよ（図 3.28）．

> 解答

① 正面図 $a_F b_F c_F$ において b_F より基準線 $\dfrac{T}{F}$ に水平な線 $b_F g_F$ を引けば，平面図にその実長 $b_T g_T$ が求められる．

② $b_T g_T$ に垂直に副基準線 $\dfrac{T}{1}$ を求め，$b_T g_T$ の点視図 $g_1 b_1$ および三角形 $a_T b_T c_T$ の端視図 $a_1 c_1$ が求められる．

③ 副投影図 $d_1 e_1 f_1$ を作図すれば，$a_1 c_1$ と交わる点 $l_1 m_1$ が求められる．

④ $l_1 m_1$ から平面図，正面図に作図して，$l_T m_T$, $l_F m_F$ が求められ，これが平面の交わってできる直線である．

⑤ $d_F e_F$, $d_T e_T$ は手前にあり，f_F, f_T は先方にあるから図 3.28 のようになる．

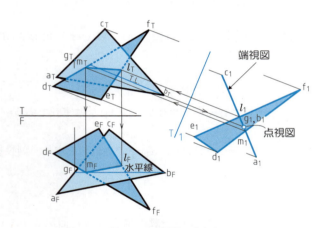

図 3.28　2 平面の交わり

3.7 ◉ 点，直線および平面との関係

3.7.1 ● 点と平面との間の距離

例題 3.13　点 P と平面 ABC の正面図，平面図が与えられているとき，点 P から平面 ABC への垂線を作図せよ（図 3.29）．

> 解答

① 正面図 $a_F b_F c_F$ において，c_F から基準線 $\dfrac{T}{F}$ に水平な線 $c_F d_F$ を引くと，平面

図に実長 $c_T d_T$ が求められる．

② $c_T d_T$ に垂直に副基準線 $\dfrac{T}{1}$ をつくり，点視図 $c_1 d_1$ および端視図 $a_1 b_1$ を求める．

③ 点 p_1 より直線 $a_1 b_1$ に垂線 $p_1 q_1$ を引けば，$p_1 q_1$ は実長で，点 P から平面 ABC への垂線である．

④ 求める垂線の正面図は $p_F q_F$，平面図は $p_T q_T$ である．

☞ $p_1 q_1$ の距離は点 P と平面 ABC との距離である．

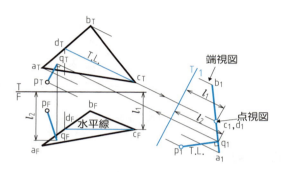

図 3.29　点と平面との間の距離

3.7.2 ● 直線と平面との交わり

直線と平面との交点を求めるには，平面の端視図を求め，その端視図に交わる直線の副投影を求め，その交点を求めればよい．

例題 3.14　正面図，平面図が与えられたとき，三角形 ABC と直線 PQ との交点を求めよ（図 3.30）．

解答

① 正面図 $a_F b_F c_F$ の c_F から基準線 $\dfrac{T}{F}$ に水平な線を引き d_F を求め，平面図において d_T を求めれば，$c_T d_T$ は実長になる．

② $c_T d_T$ に垂直に副基準線 $\dfrac{T}{1}$ をつくり，点視図 $c_1 d_1$ および端視図（直線視図）$a_1 c_1 d_1 b_1$ を求める．

③ 直線 PQ の副投影図 $p_1 q_1$ を求め，端視図 $a_1 c_1 d_1 b_1$ との交点を o_1 とすれば，o_1 が平面 ABC と直線 PQ との交点の副投影図である．

④ 交点 o の平面図 o_T，正面図 o_F を求めれば交点が求められる．

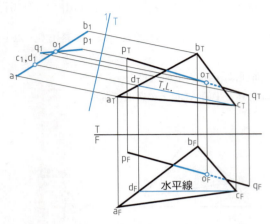

図 3.30　直線と平面の交わり

3.7.3 ● 直線と平面のなす角

例題 3.15　正面図，平面図が与えられたとき，直線 PQ と平面 ABC とのなす角 α を求めよ（図 3.31）．

解答

① 正面図 $a_F b_F c_F$ において，a_F から基準線 $\dfrac{T}{F}$ に水平な線 $a_F d_F$ を引けば，平面図 $a_T d_T$ は実長である．

② $a_T d_T$ に垂直に副基準線 $\dfrac{T}{1}$ を引き，点視図 $a_1 d_1$ および端視図 $b_1 a_1 d_1 c_1$ を求める．

③ 端視図 $b_1 a_1 d_1 c_1$ に平行に副基準線 $\dfrac{1}{2}$ を引くと，三角形 $a_2 b_2 c_2$ は実形となる．

④ $p_2 q_2$ に平行に副基準線 $\dfrac{2}{3}$ を引けば，副平面図 $a_3 c_3 b_3$ は端視図で，$p_3 q_3$ は実長となる．

⑤ $a_3 c_3 b_3$ と $p_3 q_3$ とのなす角 α が直線 PQ と平面 ABC とのなす角である．

3.7 点,直線および平面との関係 | 53

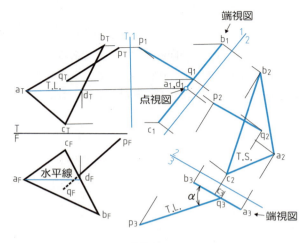

図 3.31 直線と平面のなす角

3.7.4 ● 回転による方法
(a) 点の回転

図学における回転というのは,1本の軸を仮定して,軸の外にある点,直線,平面を希望の位置まで,または希望する角度だけ軸のまわりに回転してできる図形を投影図上で作図することである.

垂直軸のまわりの点の回転で,点が直線を軸として回転する場合,点と直線との距離が一定であることを条件とする.点 P の軌跡は軸 AB に垂直な平面上にあって,PQ を半径とする円周になる.垂直線 AB の平面図 $a_T b_T$ が点視図で,正面図 $a_F b_F$ が AB の実長を示す.回転によってできる図形の正面図は,$a_F b_F$ に垂直な端視図になり,平面図が図の実形を表す(図 3.32).

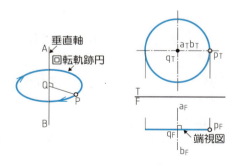

図 3.32 点の回転

(b) 直線の回転

直線を，ほかの直線を軸として回転することは，直線上の 2 点を回転してこの 2 点を結べばよいことであるから，点の回転と同じことである．

直線 AB を軸としたときの直線 CD の回転を，図 3.33 に示す．直線が回転する場合には，直線と軸との位置関係，すなわち，距離および 2 直線のなす角が一定であることを条件とする．

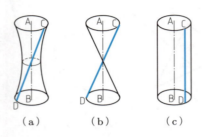

図 3.33 直線の回転

一般には，線が移動すると面ができて，移動する線が直線の場合にできる面を線織面（移動する直線の傾きによって単双曲面（図(a)），二つの円錐（図(b)），円柱面（図(c)）ができる），直線でない場合にできる面を複曲面というが，これに関しては第 4 章で述べる．

例題 3.16 直線 AB の正面図，平面図が与えられたとき，回転による方法によって，直線 AB の実長を求めよ（図 3.34(a)，(b)）．

解答
正面図，平面図のどちらかにおいて，直線を基準線と平行になるまで回転し，もう一方の投影面に対応する点をとれば，実長が求められる．

● 平面図を回転する場合（図(a)）
① 平面図 $a_T b_T$ において，a_T を固定して b_T を基準線に平行になるまで回転し，$a_T b_{1T}$ を求める．
② b_{1T} より対応線を正面図に引き，b_F より基準線に平行に引いた線との交点が b_{1F} となる．$a_F b_{1F}$ が実長になる．

● 正面図を回転する場合（図(b)）
① 正面図 $a_F b_F$ において，a_F を固定して b_F を基準線に平行になるまで回転し，$a_F b_{1F}$ を求める．
② 図(a)の場合と同様にして，平面図に実長 $a_T b_{1T}$ を求める．

3.7 点，直線および平面との関係 | 55

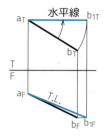 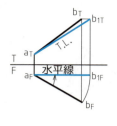

（a）直線の実長（1）　　（b）直線の実長（2）

図 3.34　直線の実長を求める

(c) 回転により平面の実形を表す場合

回転によって**平面の実形**を求める方法は，比較的場所をとらないので，しばしば用いられる．回転によって平面の実形を投影図に表すには，投影図中に端視図があれば簡単である．

例題 3.17　平面 ABC の正面図，平面図が与えられたとき，回転を用いて平面 ABC の実形を求めよ（図 3.35(a)，(b)）．

解答

- 正面図を回転する場合（図(a)）

  正面図 $a_F b_F c_F$ の端視図を求め，実形を求める．

① c_F を固定して，a_F を基準線 $\dfrac{T}{F}$ に平行になるまで回転し，端視図 $a_{1F} b_{1F} c_F$ を求める．

② a_{1F}，b_{1F} の対応点 a_{1T}，b_{1T} を求めれば，三角形 $a_{1T} b_{1T} c_T$ は実形である．

- 端視図を回転する場合（図(b)）

  正面図 $a_F b_F c_F$ の端視図を求め，それを回転して実形を求める．

① 平面図 $a_T b_T c_T$ において，a_T より基準線 $\dfrac{T}{F}$ に平行に水平線 $a_T d_T$ を求めれば，正面図 $a_F d_F$ は実長を表す．

② $a_F d_F$ に垂直な副基準線 $\dfrac{F}{1}$ を引き，副正面図 $b_1 a_1 d_1 c_1$ を求めれば，$b_1 a_1 d_1 c_1$ は端視図である．

③ これを副基準線 $\dfrac{F}{1}$ に平行になるまで回転して $b_{11} a_{11} c_1$ を求め，b_{11}，a_{11} より

b_{1F}, a_{1F} を求める.三角形 $a_{1F}b_{1F}c_F$ は実形である.

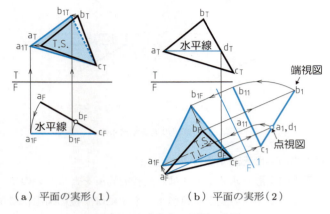

（a）平面の実形(1)　　　　（b）平面の実形(2)

図 3.35　回転による平面の実形

例題 3.18　2 平面の正面図,平面図が与えられたとき,2 平面間の角を回転により求めよ（図 3.36）（2 平面間の角の求め方を図 3.27 と比較せよ）.

解答

① 正面図は基準線 $\dfrac{T}{F}$ に平行であるから,正面図の断面図 $a_F b_F c_F$ より,平面図上で $a_T b_T c_T$ を求めれば,それは端視図である.

② $a_T b_T c_T$ を基準線 $\dfrac{T}{F}$ に平行になるまで回転して $a_{1T} b_{1T} c_T$ を求める.

③ 正面図上に a_{1F}, b_{1F} を求めれば,三角形 $a_{1F}b_{1F}c_F$ は実形を表し,角 $a_{1F}b_{1F}c_F$ が求める 2 平面間の角である.

演習問題

3.1 直線 AB の実長および水平傾角を求めよ（問図 3.1）.
3.2 点 C から直線 AB に垂線を下ろし,その実長を求めよ（問図 3.2）.
3.3 平行な 2 直線 AB,CD 間の距離 l を求め,かつ共通垂線 PQ を求めよ（問図 3.3）.
3.4 直線 QA と AB は直角である.QA の投影を完成し,Q を中心とし AB に接する球を求めよ（問図 3.4）.
3.5 ねじれの位置にある 2 直線 AB,CD を結ぶ EF 方向の直線 GH を求めよ（問図 3.5）.
3.6 ねじれの位置にある 2 直線 AB,CD のなす角 α を求めよ（問図 3.6）.
3.7 平面 ABC の端視図を求めよ（問図 3.7）.

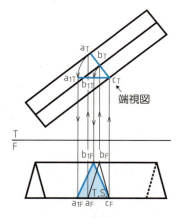

図 3.36　2 平面間の角

3.8　平面 ABC の実形を求めよ（問図 3.8）．
3.9　直線 PQ に平行な平面 ABCD の平面図を求めよ（問図 3.9）．
3.10　三角形 ABC と三角形 DEF との交線を求めよ（問図 3.10）．
3.11　直線 PQ と三角形 ABC との交点 D を求めよ（問図 3.11）．
3.12　直線 PQ と平面 ABCD の交点 E を求めよ（問図 3.12）．
3.13　直線 PQ と平面 ABCD とのなす角 α を求めよ（問図 3.13）．
3.14　直線 AB を軸に CD を水平になるまで回転せよ（問図 3.14）．

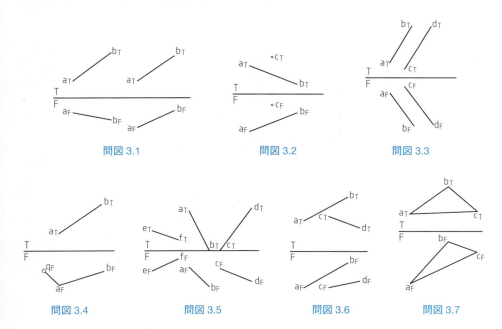

58　第3章　点，直線および平面の投影

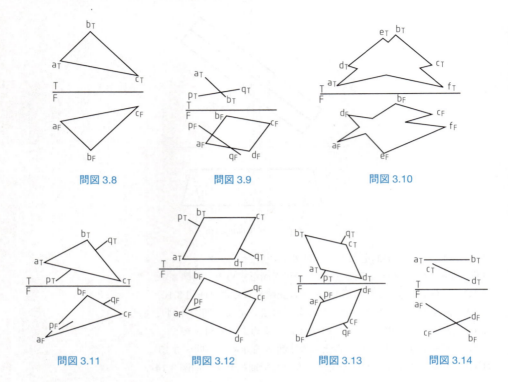

問図 3.8　　　問図 3.9　　　問図 3.10

問図 3.11　　　問図 3.12　　　問図 3.13　　　問図 3.14

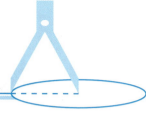

立 体（多面体，曲面体）

表面がいくつかの平面や曲面で囲まれた 3 次元の物体を，**立体**（solid）という．そのうち，平面だけで囲まれたものが**多面体**（polyhedron）（図 4.1(a) ～ (q)）であり，**曲面**（curved surface）で囲まれたものが**曲面体**（solid of curved surface）（図 4.1(r) ～ (y)）である．たとえば，**角錐**（pyramid），**角柱**（prism）などは多面体で，**円錐**（circular cone），**円柱**（circular cylinder）などは曲面体である．

4.1 ◉ 多面体

多面体を囲む多角形を**面**（face），面と面との交線を**稜**（edge），稜の集まる点を**頂点**（vertex），また同一面上にない二つの頂点を結ぶ直線を**対角線**（diagonal line）という．

4.1.1 ● 正多面体

多面体の各面が合同な多角形からなるものを，**正多面体**（regular polyhedron）という．これは，図 4.1(a) ～ (e)に示すように**正四面体**（regular tetrahedron），**正六面体**（regular hexahedron），**正八面体**（regular octahedron），**正十二面体**（regular dodecahedron），**正二十面体**（regular icosahedron）の 5 種のみで，プラトン立体という．

なお，2 種類以上の正多角形を組み合わせた**半正多面体**（semi-regular polyhedron）は 13 種類あるが，図 4.1(f) ～ (j)がその一部である．

正多面体の作図は，次の方法によって求められる．各稜は長さが等しく，一つの球に内接するので，立体の中心から頂点までの距離はすべて等しい．したがって，主投影図を求めるには，平面図を点対称になるように描いたあと，側面の多角形をラバット（rabattre，展開）して正多角形を描く．次に，これを起こして傾斜する操作を行い，頂点の軌跡円より高さを求めて正面図を完成する．

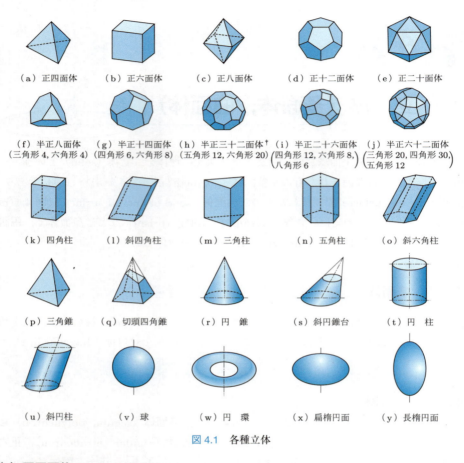

図 4.1 各種立体

(a) 正四面体

例題 4.1 1面が水平面上にある正四面体の投影図を求めよ（図 4.2）．

解答

① 1辺の長さ l の正三角形 $a_T b_T c_T$ を任意の位置に描く．
② 三角形 $a_T b_T c_T$ の重心を v_T とし，v_T と a_T, b_T, c_T を結べば平面図ができる．
③ 頂点 A，B，C の正面図 a_F, b_F, c_F を求める．
④ 次に，v_T の正面図 v_F を描くには高さ h を定めればよいので，平面図における側面の実形である正三角形 $V_T b_T c_T$ を $b_T c_T$ を軸として回転し，点 v_T に立てた垂線

---

† 各頂点に炭素が配置された分子 C_{60} はフラーレンとして知られる（図 12.13 参照）．

との交点 V_T' を定めると $V_T'v_T$ は求める高さ h である.
⑤ v_F と a_F, b_F, c_F を結べば正四面体の正面図が求められる.

図 4.2(b), (c)は, 副基準線 $\dfrac{1}{F}$, $\dfrac{2}{1}$ を任意に定めたときの副平面図(b), 副投影図(c)である.

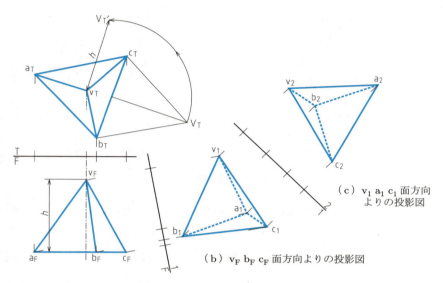

（a）一面が水平面に平行の場合

図 4.2　正四面体の投影

(b) 正八面体

例題 4.2　対角線が水平面に垂直な場合の正八面体の投影図を求めよ（図 4.3(a)）.

解答
① 平面図は1稜が実長となる正方形を描き, その対角線を描く.
② 1側面 $f_T a_T b_T$ を f_T で固定して水平面まで回転して正三角形 $f_T A_T B_T$ を描く.
③ この正三角形を起こしたときの $A_T B_T$ の軌跡を考えて高さ h を求める.
④ この h が正面図の高さとなる.
⑤ e_F, f_F と a_F, b_F, c_F, d_F を結べば, 対角線が水平面上に垂直な場合の正八面体の正面図が求められる.

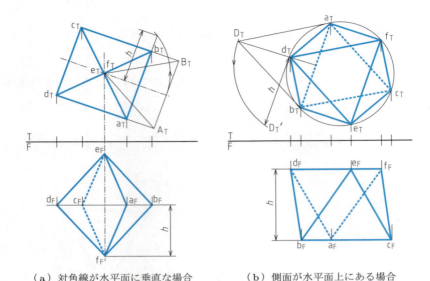

(a) 対角線が水平面に垂直な場合　　(b) 側面が水平面上にある場合

図 4.3　正八面体の投影

例題 4.3　1 側面が水平面上にある場合の正八面体の投影図を求めよ（図 4.3(b)）．

解答

① 平面図は底面の正三角形 $a_T b_T c_T$（破線）を描き，これと 180°ずらして上面の正三角形 $d_T e_T f_T$（実線）を描く．
② 三角形の各頂点を結ぶことにより，外郭線の正六角形 $a_T d_T b_T e_T c_T f_T$ が求められる．
③ 1 側面の三角形 $a_T d_T b_T$ をラバット（展開）して，正三角形 $a_T D_T b_T$ を描く．
④ 正三角形 $a_T D_T b_T$ を $a_T b_T$ を軸として回転し，点 d_T に立てた垂線との交点 $D_T{'}$ を求めると，$d_T D_T{'}$ は上面の 3 頂点の高さ h となる．
⑤ a_F, b_F, c_F と d_F, e_F, f_F を結べば，側面が水平面上にある場合の正八面体の正面図が求められる．

(c) 正十二面体

例題 4.4　1 側面が水平面上にある正十二面体を描け（図 4.4）．

解答

① 底面の正五角形 $a_T b_T c_T d_T e_T$（破線）を描き，これと 180°ずらして上面の正五角形 $f_T g_T h_T i_T j_T$（実線）を描く．
② 底面の正五角形を $a_T b_T$ を軸として起こすと，点 e_T は $a_T b_T$ に垂直な面内を円弧

を描いて移動するので，平面図では e_T から $a_T b_T$ への垂線として作図できる．

③ この正十二面体は，正五角形の中心 o に対して点対称であるから，中心 o と a_T を結ぶ直線の延長線上に e_T の垂線との交点 k_T を求める．

④ 中心 o，半径 ok_T の円の円周上に，ob_T の延長線との交点 m_T，oc_T の延長線との交点 r_T のように，各点を求めて内接正十角形を描くとよい．

⑤ 正面図は，頂点 k_T，l_T の高さを求めて作図できる．高さは，底面の正五角形 $a_T b_T c_T d_T e_T$ を $a_T b_T$ を軸として起こす操作を行って求めればよい．

すなわち，平面図（図(b)）で正五角形の頂点 e_T が $a_T b_T$ を軸として回転することは，p を中心とし，pq を半径とする円弧を描くことであり，その点の高さ h_2 は，k_T を通り，直線 $l_T d_T$ に垂直な線と円弧との交点 K を定めることで求められる．

同様にして l_T の高さ h_1 も，pd_T を半径とする円周上に L が定まることにより求められる．

図(c)は操作の説明のための見取図である．

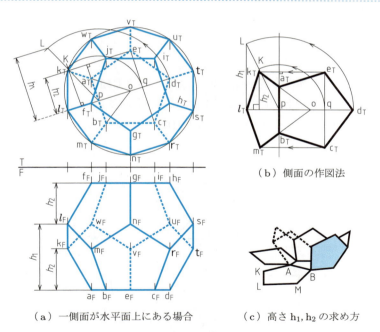

（a）一側面が水平面上にある場合　　（b）側面の作図法

（c）高さ h_1, h_2 の求め方

図 4.4　正十二面体の投影

4.1.2 ● 角　錐

底面が多角形で，ほかの側面が三角形によって囲まれた立体を**角錐**（pyramid）と

いい，底面が三角形の場合には三角錐（triangular pyramid），四角形の場合は**四角錐**（quadrangular pyramid）などという．

側面（lateral face）の共通点を頂点（vertex），2 側面の交線を稜（edge），頂点より底面に下ろした垂線の長さを高さ（height），底面の重心と頂点を結ぶ線を軸（axis）という．また，頂点から底面に下ろした垂線が底面の重心を通るとき，この角錐をとくに**直角錐**（right pyramid）といい（図 4.1(p)，(q)），軸が傾斜しているものを**斜角錐**（oblique pyramid）という．

4.1.3 ● 角　柱

底面を平行移動したものを上面としてもつ立体を**角柱**（prism）という．角柱も底面の辺数に応じて**三角柱**（triangular prism），**四角柱**（quadrangular prism）などという．

例題 4.5 正四角柱が水平面と 60° 傾き，垂直面とも 75° 傾く場合の投影図を描け（図 4.5）．

解答
① 軸が水平面に垂直な投影を行う（図(a)）．
② 軸を基準線と 60° 傾けて正面図を描き，対応する平面図を描く（図(b)）．
③ 軸の平面図が基準線と 75° 傾くように図(b)の平面図を図(c)に移す．
④ 図(b)の正面図および図(c)の平面図より対応する正面図を求めればよい．

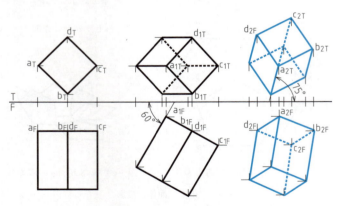

（a）水平面に垂直　（b）水平面に 60°の傾き　（c）垂直面に 75°の傾き

図 4.5　角柱の投影

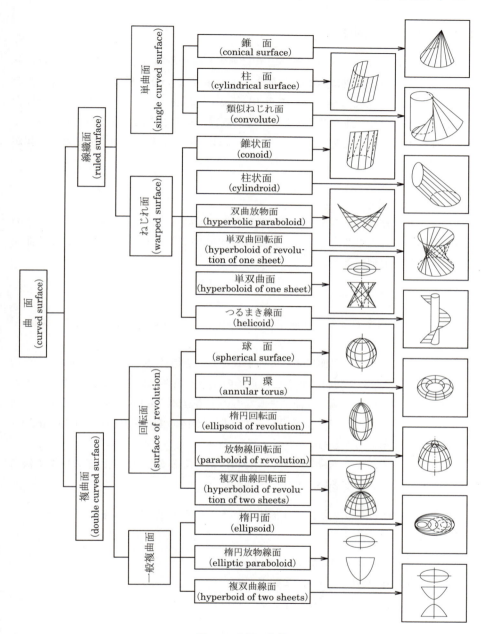

図 4.6 曲面の分類

4.2 曲面と曲面体

　線が移動すると面ができる．このとき移動する線を**母線**（generatrix），母線が移動する途中，任意の位置にあるのを**面素**（element）という．母線の移動を導く線を**導線**（directrix），または導く面を**導面**（directing plane）という．導線が曲線の場合は，導曲線ともいう．曲面のうちで，母線が直線のものが**線織面**（ruled surface）であり，曲線の場合が**複曲面**（double curved surface）である．曲面で囲まれた立体が曲面体である．

4.2.1 ● 曲面の分類

　曲面の形状は無数にあるが，とくに名称をもつものについて分類すると，図 4.6 のようになる．これらの曲面のうち，展開可能なものは単曲面だけで，そのほかの曲面は近似的にしか展開できない．

4.2.2 ● 錐　面

　母直線が 1 定点を通って，導曲線上を移動するときにできる曲面を**錐面**（conical surface）という．

　錐面とこれに交わる一平面によって囲まれた立体を**錐体**（cone）といい，定点を**頂点**（vertex），頂点より底面に下ろした垂線の長さを高さという．底面の重心と頂点とを結ぶ線を軸といい，軸が底面に垂直なものを**直錐体**（right cone），傾くものを**斜錐体**（oblique cone）という．直錐体のうち，底面が円の場合を直円錐（right circular cone）といい，単に円錐ともいう．

　円錐は，球を内接し，内接球の中心はつねに軸上にあるために，円錐の解法では内接球が基準になることが多い．

> **例題 4.6** 円錐面上の 1 点 P の正面図が与えられるとき，平面図を求めよ（図 4.7）．
>
> **解答**
> ① $v_F p_F$ を結び，底面との交点を q_F とする．
> ② q_F の平面図 q_T を求め，$v_T q_T$ を結ぶ．
> ③ $v_T q_T$ 上に，p_F に対応する点 p_T を求めればよい．

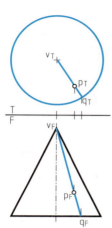
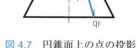

図 4.7　円錐面上の点の投影

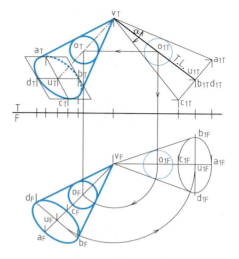

図 4.8　円錐の投影

> **例題 4.7**　両投影面に対して傾く軸 VU と頂角 α が与えられた円錐の投影図を作図せよ（図 4.8）．

- 解答 -
① 正面図において軸を水平面に平行な位置まで回転し，対応する平面図から実長 $v_T u_{1T}$ を求め，ここに頂角 α の円錐を描く．
② 軸 $v_T u_{1T}$ 上の任意の点 o_{1T} を中心とする内接球を描き，この中心をもとの軸にもどして o_T，o_F とする．
③ これを中心とする同じ半径の内接球を描いて，頂点 v_T，v_F からこれに接線を引く．
④ 底面として楕円 $a_{1F} b_{1F} c_{1F} d_{1F}$ と合同な楕円 $a_F b_F c_F d_F$ を正面図に移す．
⑤ 平面図には共役軸を $a_T c_T$，$d_T b_T$ とする楕円 $a_T d_T c_T b_T$ を作図すればよい．

> **例題 4.8**　直立面に平行な軸 UV と頂角 α が与えられたとき，底面が水平面上にある斜円錐の投影図を描け（図 4.9）．

- 解答 -
① 基準線と平行に底面をとると正面図 $v_F a_{1F} a_{2F}$ が作図でき，楕円の長軸 $a_{1T} a_{2T}$ が決まる．
② 短軸 $b_{1T} b_{2T}$ は，円錐の軸に垂直な円と楕円の中心対応点 c_F に立てた垂線の交点までの長さ b_F として求められる．
③ 長短軸の長さがわかれば，楕円は図 2.19 により作図することができる．

☞ 底面に接する内接球の底面への接点は，楕円の焦点となることを利用しても作図することができる．

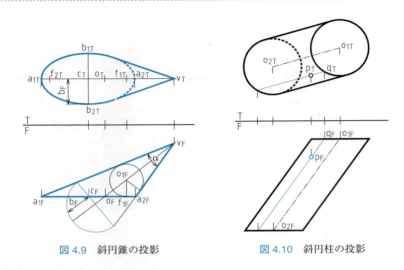

図 4.9　斜円錐の投影　　　　図 4.10　斜円柱の投影

4.2.3 • 柱　面

母直線が導曲線上を平行に移動するときにできる曲面を柱面（cylindrical surface）という．柱面とこれに交わる平行 2 平面で囲まれた立体を柱体（cylinder）といい，平行面の部分を底面（base），両底面間の垂線の長さを高さ（height），両底面の重心を結ぶ直線を軸（axis）という．

この軸が底面に垂直なものを**直柱体**（right cylinder），傾くものを**斜柱体**（oblique cylinder）という．また，直柱体のうち底面が円のものを**直円柱**（right circular cylinder）あるいは単に円柱という．

例題 4.9　斜円柱体上の点 P の平面図より，正面図を求めよ（図 4.10）．

解答
① p_T を通り軸 $o_{1T}o_{2T}$ に平行な線を引き，底面上に q_T を求める．
② q_T から対応する q_F を求め，q_F を通り軸 $o_{1F}o_{2F}$ に平行な線を引く．
③ p_T より基準線に垂線を下ろして，正面図に p_F を求めればよい．

例題 4.10　底円の半径，高さ，および水平面との傾き θ が与えられたとき，直立面と平行である円柱を副投影により求めよ（図 4.11）．

解答
① 水平面に垂直に与えられた円柱の主投影図を描く．
② 円柱の軸と θ 傾く副基準線を引く．
③ この副基準線を基準とする副平面図を描けば，与えられた条件の円柱の投影図が得られる．

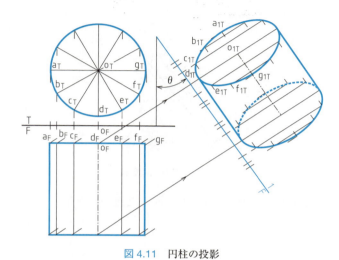

図 4.11 円柱の投影

線織面のうち展開不能な曲面が**ねじれ面**（warped surface）で，図 4.6 に示す種類などがある．それらのうちで，工学上よく応用される単双曲回転面とつるまき線面について，以下の項で述べる．

4.2.4 ● 単双曲回転面

母直線が，これと同一平面上にない導直線のまわりを回転するときにできる曲面を，**単双曲回転面**（hyperboloid of revolution of one sheet）という．

例題 4.11 導直線 UV が水平面上に直立し，直線 AB が回転するときにできる単双曲回転面を求めよ（図 4.12）．

解答
① 直線 AB を直立面に平行におき，$a_T b_T$，$a_F b_F$ とする．
② 軸 UV の平面図 $u_T v_T$ を中心として $u_T a_T = u_T b_T$ を半径とする円を描き，この円に内接するように弦 $a_T b_T$ と等長の弦を複数描く．

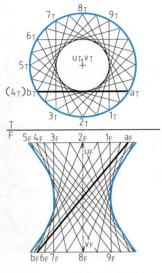

図 4.12 単双曲回転面

③ これに対応する直線を正面図に描けば，生じる包絡線が単双曲回転面の輪郭線となる．

4.2.5 ● つるまき線面

軸とつるまき線を導線とし，母直線が軸と一定の角度を保ちつつ移動するとき生じる面をつるまき線面といい，母直線が軸に垂直な場合を**直角つるまき線面**（right helicoid），傾く場合を**斜角つるまき線面**（oblique helicoid）という．

例題 4.12 直角つるまき線面を求めよ．（図 4.13(a)）．

解答

① 軸 U が水平面に直立するつるまき線があるとする．
② つるまき線の平面図の円を n 等分（$n = 12$）し，各点を 1_T, 2_T, $\cdots$, 12_T, 正面図を 1_F, 2_F, $\cdots$, 12_F とする．
③ 正面図で，つるまき線上の 1_F, 2_F, $\cdots$, 12_F より軸に垂線を引く．
④ 平面図で各点と中心を結んで直角つるまき線面を求める．

例題 4.13　母直線が水平面と一定の角度 θ をなすときの傾角つるまき線面を求めよ（図 4.13(b)）．

解答
① 軸 U が水平面に直立するつるまき線があるとする．
② つるまき線の平面図の円を n 等分（$n = 12$）し，各点を 1_T, 2_T, $\cdots$, 12_T，正面図を 1_F, 2_F, $\cdots$, 12_F とする．
③ 0_F より水平線と角度 θ をなす直線 00_F を引き，軸上の 0 点よりピッチ l（0_F12_F の距離，つるまき線が 1 周するときの高さ）の長さ 012 をとって 12 等分し，各点を 1, 2, $\cdots$, 12 とする．
④ 00_F, 11_F, $\cdots$, 1212_F の各点を結ぶことで正面図が求められる．
⑤ 平面図で各点と中心を結んで傾角つるまき線面を求める．

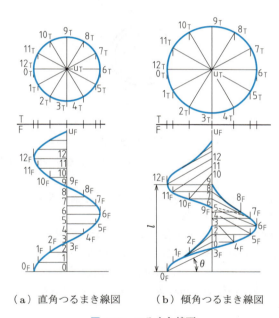

（a）直角つるまき線図　　（b）傾角つるまき線図

図 4.13　つるまき線面

4.2.6 ● 球　面

円がその直径を軸として回転して生じる曲面を **球面**（spherical surface）といい，球面によって囲まれた立体を **球**（sphere）という．

例題 4.14　球面上の点 P の平面図が与えられたとき，この点の正面図を求めよ（図 4.14）．

解答
① 点 P を通り，直立面に平行な平面と球の交線は，平面図で $a_T b_T$，正面図では o_F を中心とし $a_T b_T$ を直径とする円である．
② 平面図の点 p_T より垂線を下ろす．
③ 円との交点から，点 P の正面図上の点 p_{1F}，p_{2F} が求められる．

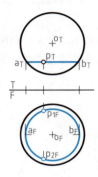

図 4.14　球面上の点

演習問題

4.1　1面が水平面上にあって，その1稜が直立面と 30° をなす正四面体を描け．ただし，1稜の長さは 40 mm とする．

4.2　1稜の長さ 25 mm の正十二面体を描け．ただし，1面は水平面上にあって，その1稜は直立面と 60° をなすものとする．

4.3　底面が水平面上にあって，その1稜が直立面と 45° をなす正五角錐を描け．ただし，底面の1辺の長さは 30 mm，高さは 50 mm とする．

4.4　直径 40 mm の球面上の1点 P の正面図が与えられたとき，この点の平面図を求めよ．

4.5　底面の外径 50 mm，内径 20 mm，高さ 60 mm の直円筒内に，ピッチ 20 mm の直角つるまき線面を描け．

第5章 展開

5.1 展開とその方法

立体の表面を一平面に広げて描くことを**展開**（develop）するといい（図 5.1），これによって得られた図形を**展開図**（development）という．

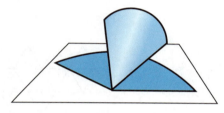

図 5.1 円錐の展開

図 5.2 に，**正多面体**（4.1.1 項参照）の展開図を示す．このように，多面体は平面よりなるので展開は可能であるが，曲面は**単曲面**（錐面，柱面）だけが展開可能で，**ねじれ面や複曲面**（球面，円環，楕円回転面）は展開不可能である．そこで，これらの場合には**近似展開**を行う．

立体の表面上の 2 点を結ぶ最短径路を**測地線**（geodesic line）といい，展開図で直線になる．

例題 5.1 円錐を展開せよ（図 5.3）．

解答

① まず，円錐の底円の半円周長さ ab を求める（例題 2.8 参照）．
② 円錐の面素 va を半径とする扇形を描く．va に垂直に ab の長さをとり，(1/4)ab の点 c を中心に cb を半径とする円弧と扇形との交点 d を求めると，ab = $\widehat{ad}$ となる（例題 2.6 参照）．
③ この長さ ad を 2 倍して点 e を求めれば，この扇形の弧の長さ $\widehat{ae}$ は，円錐の底円の円周長さである．

④ この扇形の弧に外接するように底円を描くと，展開図が得られる．

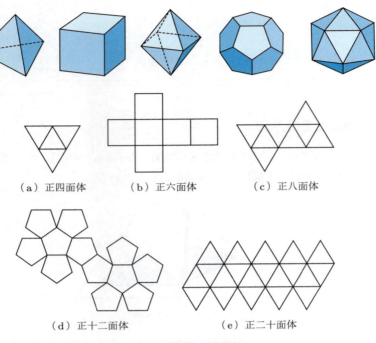

(a) 正四面体　　(b) 正六面体　　(c) 正八面体

(d) 正十二面体　　(e) 正二十面体

図 5.2　正多面体の展開図

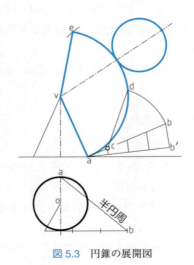

図 5.3　円錐の展開図

5.2 ◉ 柱面の展開

　柱面（cylindrical surface）は母直線（面素）が定直線に平行を保ちながら，曲線に沿って移動するときにできる単曲面であり，円筒管も柱面のひとつである．二つの円筒管の接合部には，**円柱型屈折管**（cylindrical pipe elbows）が用いられる．**排気管**の曲がる部分や，洋服などの袖のつけ根部の裁断は，この形がもとになっている．

例題 5.2　円柱型 90°屈折管（2 片）を展開せよ（図 5.4）．

解答

　この屈折管は，円柱の展開を応用して，最も簡単な排気管として用いられる．
① 円柱の底円の円周長さ ab を求め（例題 2.7 参照），展開図に直線 ab を引く．
② 底円の円周を 12 等分し，また，展開図における ab も 12 等分する．
③ ab 上の等分点から垂線を立て，この線上に，対応する底円の円周上の面素の実長（側面の高さ）をとり，これらの点を曲線で結べば，円柱Ⓐ部分の展開図が得られる．
④ 円柱Ⓑ部分はⒶとまったく同じ大きさなので，展開図も図のようにして容易に求めることができる．

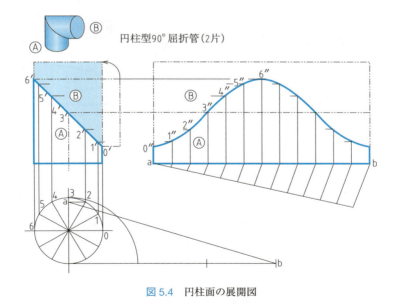

図 5.4　円柱面の展開図

5.3 ◎ 円柱型屈折管の展開

例題 5.2 の円柱管は 90°－2 片屈折管として用いられるが，ここでは，5 片屈折管の展開を行う．このように屈折部が多数ある円柱型屈折管は，えびの胴の甲殻に似ていることから，えび胴管とよばれる．

例題 5.3 円柱型 90°屈折管（5 片）を展開せよ（図 5.5）．

- 解答 -
① 円柱型屈折管を A～E の 5 個の部分に分ける．
② 管の直径から円周長さ（または半円周長さの 2 倍）ab を求め（例題 2.8 参照），展開図に直線 ab を引く．
③ 管の周囲および展開図上の円周長さ ab を 12 等分する．
④ A 部分の展開は，例題 5.2（円柱の展開）と同様な方法で作図ができる．E 部分もまったく同じ展開図になる．
⑤ B 部分は，mn の長さは実長であるから，これを展開図にとり，以下同様な方法で作図できる．C および D 部分もまったく同じ展開図になる．

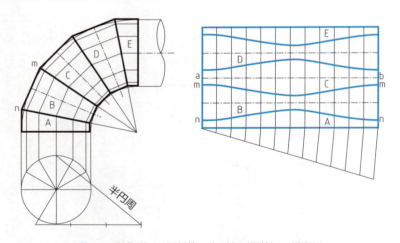

図 5.5　円柱型 90°屈折管 5 片（えび胴管）の展開図

5.4 ◎ 近似展開

ねじれ面や球面などのような展開不可能な曲面を近似展開するには，曲面を小さな面積に分割し，それらを近似的に展開する分割法が用いられる．

分割法には次のものがある．

(a) **経線法**（meridian method）

球や回転面の展開に用いられる方法で，例題 5.4 に示すように，経線によって細かく分割して近似展開する．この方法は柱面の展開に似ている．

(b) **緯円法**（zone method）

球や回転面の展開に用いられる方法で，例題 5.5 に示すように，軸に垂直な平面で分割して緯円をつくり，近似展開する．錐面の展開に似ている．

(c) **三角形法**（triangular method）

単双曲回転面（図 4.12）など，ねじれ面（図 4.6）の展開では，全曲面を小さな三角形に分割して，三角形の各辺の実長を求めて近似展開する．

ねじれ面として広く用いられているものに，直径の異なる二つの円管の接続部分を構成する曲面がある（演習問題 5.4 参照）．これを近似展開するには，二つの円周をそれぞれ 12 等分し，上下の各点を次々に直線で結んで，ねじれ面を三角形に分割し，これら三角形の各辺の実長を求めて，順次，連続的に作図する．

例題 5.4 球を経線法によって展開せよ（図 5.6）．

解答

① 球の周囲（または半円周）長さを求め（例題 2.8 参照），12 等分（または 6 等分）する．
② 柱面の展開と似た作図で，この場合は，球の表面を経線によって分割する．
③ 任意の数の緯円をつくって，その半円周長さを求め（図 5.6(a)），この長さにより近似展開する（図(b)）．

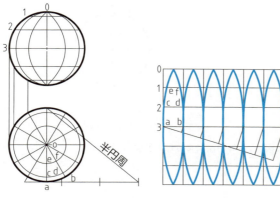

（a）球の半円周の長さ　　（b）近似展開

図 5.6　経線法による球の展開

例題 5.5　球を緯円法によって展開せよ（図 5.7）.

解答
① 球を軸 O に垂直な平面で切断して緯円をつくり，側面の曲線を近似的に直線として，直円錐台または直円錐と考え，これらを展開する.
② それぞれの直円錐台または直円錐の円の半円周長さ（例題 2.8 参照）を求める（図 5.7(a)）.
③ 円錐の展開（例題 5.1 参照）と同様な作図で，それぞれの展開図を求める（図(b)）.

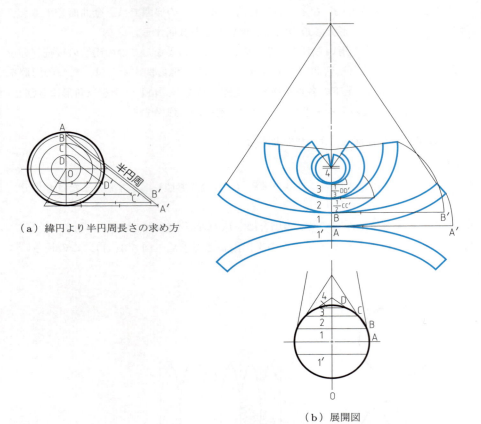

（a）緯円より半円周長さの求め方

（b）展開図

図 5.7　緯円法による球の展開

演習問題

5.1 円柱型90°屈折管（2片，3片）を展開せよ（問図5.1, 問図5.2）．
5.2 斜角柱を展開せよ（問図5.3）．
5.3 切頭斜円錐を展開せよ（問図5.4）．
5.4 軸が直交する二つの異径管の接続部を展開せよ（問図5.5）．
5.5 直立円弧回転面を展開せよ（問図5.6）．

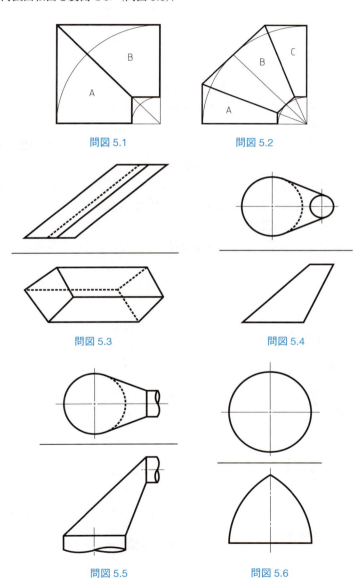

問図5.1　　　　　問図5.2

問図5.3　　　　　問図5.4

問図5.5　　　　　問図5.6

第6章 切断

6.1 切断平面

立体を任意の平面で切断するとき，この平面を**切断平面**（cutting plane）という．ところで，空間における平面を図示するには，平面が水平面および直立面と交わる直線を用いる方法がある．

いま，平面 T が図 6.1 のような場合，平面と水平面との交線 t を**水平跡**（horizontal trace），平面と直立面との交線 t′ を**直立跡**（vertical trace）といい，これらの 2 直線によって平面が表される．そして，これらは基準線上の 1 点で交わる．ただし，平面が直立面または水平面に平行ならば，水平跡または直立跡のどちらか一方のみが現れ，これらの跡は基準線に平行になる．

上述のとき以外で，平面が水平面および直立面に対して特別な位置にあるときの投影図は，図 6.2 のように表される．

図 6.3 に示すように，与えられた平面と水平面とのなす角を水平傾角（θ），また，

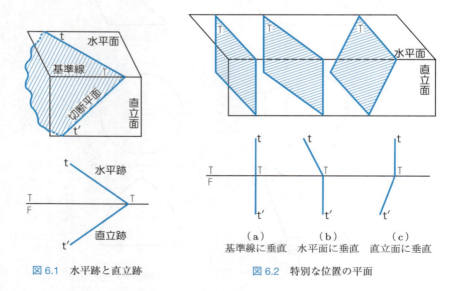

図 6.1　水平跡と直立跡　　　　　図 6.2　特別な位置の平面

6.1 切断平面

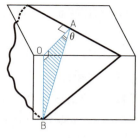
図 6.3 水平傾角 θ

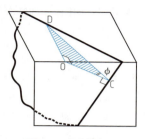
図 6.4 直立傾角 ϕ

図 6.4 のように直立面とのなす角を直立傾角（ϕ）といい，これらによって切断平面を表すことができる．

例題 6.1 平面 T の正面図，平面図が与えられたとき，平面 T と水平面とのなす角，水平傾角を求めよ（図 6.5）．

解答

① 基準線上の任意の 1 点 o から平面 T の水平跡 Tt に垂線を下ろし，その交点を a_T とする．
② o を中心として oa_T を半径とする円と，基準線との交点を a_1 とする．
③ o で基準線に立てた垂線と直立跡 Tt′ との交点を b_F とし，$b_F a_1$ を結べば，角 $oa_1 b_F$ は平面 T と水平面とのなす角（**水平傾角**）θ である．

☞ 三角形 $ob_F a_1$ は，図 6.3 の三角形 OBA を，OB を軸として，直立面に一致するまで回転したものである．

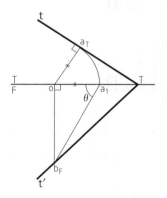
図 6.5 水平傾角 θ の求め方

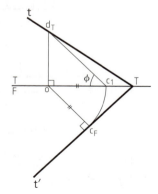
図 6.6 直立傾角 ϕ の求め方

例題 6.2 平面 T の正面図, 平面図が与えられたとき, 平面 T と直立面とのなす角, 直立傾角を求めよ（図 6.6）.

解答
① o から直立跡 Tt′ に垂線を下ろし, その交点を c_F とする.
② o を中心として oc_F を半径とする円と, 基準線との交点を c_1 とする.
③ o で基準線に立てた垂線と水平跡 Tt との交点を d_T とし, c_1d_T を結べば, 角 oc_1d_T は平面 T と直立面とのなす角（**直立傾角**）ϕ である.

6.2 ● 立体の切断法

立体を任意の平面で切断するとき, 正投影の場合には, 断面は図 6.7 に示すように, 必要に応じて, 直立面または水平面に垂直な断面で切断することが多く, **全断面**, **片側断面**（半断面）などが用いられる.

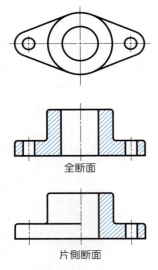

図 6.7 機械部品の断面（パッキング押え）

断面を示すには, 普通, **ハッチング**（hatching）を用いるが, 必要あるときは**着色**（colouring）を施すこともある.

立体の切断法には, 次の二つの場合がある.
（ⅰ）切断平面が直立面または水平面のいずれか, あるいは両方に垂直な場合
（ⅱ）切断平面が直立面および水平面のいずれにも傾斜する場合

6.3 多面体の切断

　多面体を切断して，その断面図を求めるには，切断平面と各稜との交点を求め，これらの点を順に結べばよい．切断平面が直立面または水平面に垂直なときは，切断平面の跡と多面体の各稜の交点に対応する投影から，断面図は容易に求められる．

6.3.1 ● 切断平面が直立面または水平面のいずれかに垂直な場合

例題 6.3 正五角錐の正面図，平面図が与えられたとき，正五角錐を直立面に垂直な平面 T で切断せよ．また，断面の実形を求めよ（図 6.8）．

解答

① 切断平面 T は直立面に垂直であるから，正面図における平面 T と 5 本の稜線との交点はすぐに求められる．これに対応する平面図の各点を求め，これらを結ぶ．
② 点 c'_T は，c'_F から底面に平行な線を引き $b_F v_F$ との交点を求め，これを平面図において作図すると得られる．
③ 切断面の実形は，正面図と平面図の対応点から求められる．

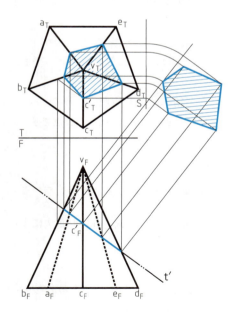

図 6.8　正五角錐の断面

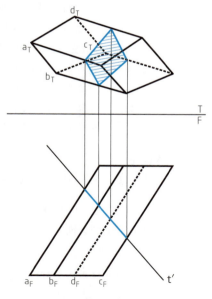

図 6.9　斜四角柱の断面

第6章 切断

> **例題 6.4** 斜四角柱を直立面に垂直な平面 T で切断せよ（図 6.9）.

> **解答**
> ① 例題 6.1 と同様に，各稜の対応点から求める.

6.3.2 ● 切断平面が直立面および水平面のいずれにも傾斜した場合

この場合の切断面の作図には次のものがある.

(a) 副投影法

副投影法とは，副投影によって，直立面もしくは水平面のいずれかに垂直な切断平面で切断するように直す方法である.

> **例題 6.5** 平面 T と三角錐の正面図，平面図が与えられたとき，副投影法によって，三角錐を平面 T で切断せよ（図 6.10）.

> **解答**
> ① 切断平面 T が直立面および水平面のいずれにも傾斜しているので，まず，水平傾角 θ を求める.
> ② 正面図の副投影図を tT に対して垂直な基準線で別に描き，直立面に垂直で，水平面と θ の傾角をなす切断平面 t″ を引く.
> ③ このようにすれば，これまでに示した作図法に従って，副投影図（正面図）の切断平面 t″ と各稜との交点に対応する平面図の点を求め，これらを結べば，平面図における断面（三角形）が得られる.
> ④ この断面の各稜の点を正面図に移して，これらを結べば切断面が得られる.
> 👉 このように，多面体の切断面は多角形となるので，切断平面と各稜との交点を求め，これらの点を順次結んで切断面を求める.

(b) 補助平面法

補助平面法とは，立体の稜または面を含む補助平面を用いる方法である.

> **例題 6.6** 平面 T と三角錐の正面図，平面図が与えられたとき，補助平面法によって，三角錐を平面 T で切断せよ（図 6.11）.

> **解答**
> 稜を含み，直立面に垂直な補助平面を用いて，与えられた平面 T による各稜の切断点を求め，これらを結べばよい.
> ① 稜 $v_F a_F$ を含み，直立面に垂直な補助平面を利用して，平面図において，切断点 1_T を求める.

② 同様にして，ほかの稜と与えられた平面との切断点 2_T, 3_T を求め，断面 $1_T 2_T 3_T$ を得る．
③ これより，正面図において，切断面 $1_F 2_F 3_F$ を得る．

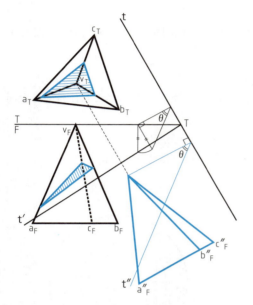

図 6.10　副投影法による三角錐の断面

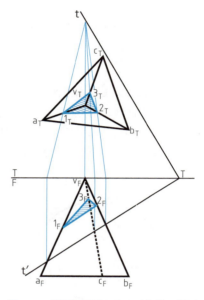

図 6.11　補助平面法による三角錐の断面

6.4 ◉ 曲面体の切断

　曲面体の切断面を求めるには，任意の**母直線**あるいは**母曲線**を定めて，切断平面との交点を求め，これらの点を順次，曲線で結べば得られる．

6.4.1 ● 円錐の切断

例題 6.7　水平面に垂直な平面 T と円錐の正面図，平面図が与えられたとき，円錐を平面 T で切断せよ（図 6.12）．

解答
① 平面上に任意の数の同心円（1_T, 2_T, 3_T, …）を描き，これらの同心円と切断面 T との交点を求める．
② 正面図において，これらの円を示す直線（1_F, 2_F, 3_F, …）を層状に描き，この

線上に平面図の同心円の交点に対応する点を求め，これらをなめらかな曲線で結べば切断面が得られる．

6.4.2 ● 球の切断

例題 6.8 直立面に垂直な平面 T と球の正面図，平面図が与えられたとき，球を平面 T で切断せよ（図 6.13）．

解答
① 正面図において，水平面に平行に任意の数だけ層状に切断し，これに対応した同心円を平面図に描く．
② 正面図での層状に区切った水平線と切断平面との交点に対応する点を，平面図における同心円の円周上に求め，これらを曲線で結べば切断面が得られる．

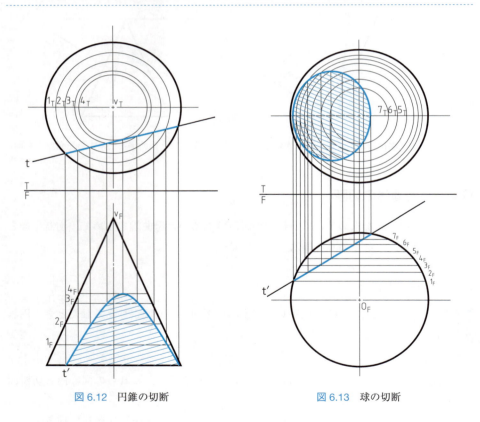

図 6.12 円錐の切断　　　　図 6.13 球の切断

演習問題

6.1 次に示す立体を，直立面および水平面のいずれにも傾斜した平面 T で切断せよ．
(1) 円錐（問図 6.1）
(2) 球（問図 6.2）
(3) 円弧回転面（問図 6.3）

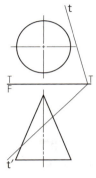
問図 6.1

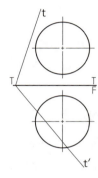
問図 6.2

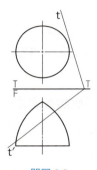
問図 6.3

第7章 相 貫

二つ以上の立体が交わるとき，これを**相貫体**（intersecting bodies）といい，立体の表面が交わる線を**相貫線**（line of intersection）という．

7.1 ◉ 相貫線を求める一般的方法

多面体の相貫では，一方の稜と他方の面との交点，すなわち**相貫点**（intersecting point）を求め，これらをつなぎ合わせることによって相貫線が求められる．相貫点が直接求められないときは，補助切断平面を用いて作図を行う．

曲面の相貫では，曲面上に任意の面素をとり，これを多面体の稜と同様に考えて交点を求めるか，または補助平面で切断し，断面上に現れた交点を求めたあと，各点を結ぶことによって相貫線が求められる．

例題 7.1 二つの五角柱が相貫するとき，相貫線を求めよ（図 7.1）．

解答
① 稜と面との交点（相貫点）1，2，3，4，5，6点を求める．
② 稜 F の貫入点 1 と隣稜 G の貫入点 2 が同一面 AB 上にあれば 1-2 を結ぶ．
③ 稜 F の隣稜 K のように，異なる面 EA に貫入して点 4 となるときは，この両面の稜 A が他面 KF に貫入する点 5 を求め，1-5-4 と結ぶ．
④ 稜 H のように貫入しない隣稜があれば，稜 G の貫出する面までの間にある稜 B，C の交点 3，6 を求め，2-3-6 と結ぶ．
⑤ このように，一つの立体の稜を一回りすれば相貫線が得られる．

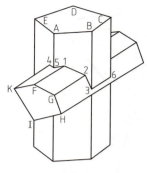
図 7.1　五角柱の相貫

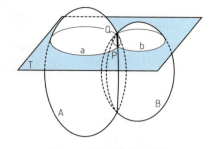
図 7.2　楕円回転体の相貫

> **例題 7.2**　二つの楕円回転体の相貫線を求めよ（図 7.2）．

解答

① 相貫する二つの立体 A，B を，補助平面 T で切断する．
② 切断平面 a，b は交点 P，Q をつくる．
③ P，Q は両立体 A，B の表面上の点であるから，求める相貫線上の点となる．
④ 平面 T を少しずつ移動して，交点をいくつか求めて結べば相貫線を求めることができる．

7.2 多面体の相貫

7.2.1 直線と三角錐の相貫点

> **例題 7.3**　直線 LM と三角錐の正面図，平面図が与えられているとき，これらの相貫点を求めよ（図 7.3）．

解答

　直線 LM を含み水平面に垂直な補助平面で切断し，立体の切断面を求め，その切断平面上にある直線との交点より求める．
① 平面図において，直線 LM を含み水平面に垂直な補助平面と，$a_T b_T$，$b_T c_T$ との交点 2_T，3_T を求める．
② 正面図において切断面 $1_F 2_F 3_F$ と $l_F m_F$ は同一平面上にあるから，p_F，q_F は求める交点の正面図となる．
③ 平面図では対応点 p_T，q_T が相貫点となる．

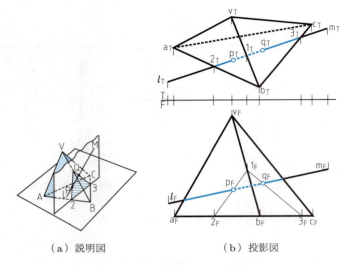

（a）説明図　　　　　　（b）投影図

図 7.3　直線と三角錐の相貫

7.2.2 ● 三角錐と直立面に垂直な三角柱の相貫線

例題 7.4　三角錐と三角柱の正面図，平面図が与えられているとき，三角柱の各稜と三角錐の頂点を含む補助平面を考えて，これらの相貫線を作図せよ（図 7.4）．

解答

① 正面図において頂点 v_F と稜 f_F，頂点 v_F と稜 g_F を含む二つの補助平面で三角錐を切断する．

② 切断面 $v_T 1_T 1_T$，$v_T 2_T 2_T$ と稜 f_T，g_T との交点 3_T，4_T と 5_T，6_T を求める．

③ 三角柱の正面図が端視図であるから，稜 $v_F a_F$，$v_F b_F$ と三角柱との交点 7_F，8_F，9_F，10_F より平面図の 7_T，8_T，9_T，10_T が直接求められる．

④ 平面図において，6_T-9_T-4_T-7_T-3_T-5_T-8_T-10_T-6_T の各点を結べば求める相貫線となる．

なお，相貫線を結ぶ場合には，一方の多面体の稜を順序よく追いながら交点を結ぶ注意が必要である．また，相交わって相貫点をつくるような両方の多面体の側面が，ともに直接目に見える位置にあれば，その相貫線は実線で結び，どちらかの多面体の側面が目に見えない位置にあるときは，その部分を破線で結ぶようにすればよい．

7.2 多面体の相貫

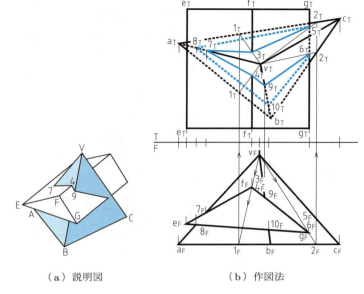

（a）説明図　　　　　　　　　　（b）作図法

図 7.4　三角錐と三角柱（直立面に垂直）の相貫

7.2.3 ● 三角錐と直立面に平行な三角柱の相貫線

三角柱の各稜は，直立面に平行であるから，その稜を含んで直立面に垂直な補助切断平面を考え，これと三角錐との交線の平面図を描けば，相貫線が求められる．

例題 7.5　三角柱と三角錐の正面図，平面図が与えられているとき，三角柱が直立面に平行で，しかも 1 側面が垂直なときの相貫線を求めよ（図 7.5）．

解答

① 三角柱の稜 F，G を含み直立面に垂直な補助平面で切断し，三角錐の平面図，三角形 $1_T2_T3_T$ を求め，三角柱との交点 4_T，5_T を定める．
② 同様に，稜 E を含み直立面に垂直な補助平面で切断して三角形 $6_T7_T8_T$ を求め，三角柱との交点 9_T，10_T を定める．
③ 正面図の 6_F に対応する三角柱稜 E 上の点 6_e，同じく 1_F に対応する稜 G 上の点 1_g を求め，1_g6_e と三角錐の稜 v_Ta_T の交点として 11_T を求める．同様にして，8_e，3_g から 12_T も求める．
④ 各点を結べば，5_T-10_T-12_T-11_T-9_T-4_T-1_T-3_T-5_T は平面図における求める相貫線となる．

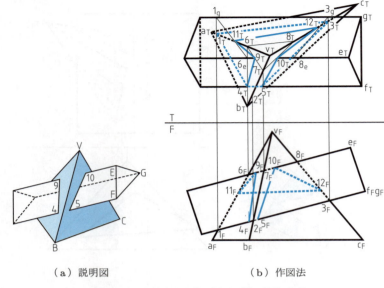

（a）説明図　　　　　　　　　（b）作図法

図 7.5　三角錐と三角柱（直立面に平行）相貫

7.3 ◉ 曲面体の相貫

7.3.1 ● 直線と球の相貫

　直線と球の相貫点を M，L とする．直線に平行な副基準線 $\dfrac{F}{1}$ 上に副平面図をつくり，直線を含み水平面に平行な補助平面で球を切断すると切断面は円となる．直線の相貫点は，この円周上の交点として求められる．

例題 7.6　直線と球の正面図，平面図が与えられているとき，これらの相貫点 M，L を求めよ（図 7.6）．

解答

① 直線 $m_F l_F$ に平行な副基準線 $\dfrac{F}{1}$ をもつ副平面上に，切断円と直線の投影を求める．

② 直線と切断円の交点 $m_1 l_1$ は，求める交点の副投影となる．

③ この $m_1 l_1$ より主投影図に $m_F l_F$，$m_T l_T$ を求める．

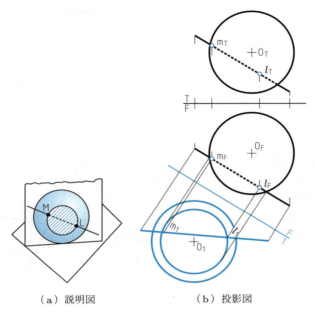

(a) 説明図　　　　　（b) 投影図

図 7.6　直線と球の相貫

7.3.2 ● 直線と円錐の相貫

例題 7.7　直線 LM と頂点 V の円錐の正面図，平面図が与えられたとき，これらの相貫点 P，Q を求めよ（図 7.7）.

解答

LM と V を含む補助平面で円錐を切断し，切断図 $v_F g_F h_F$ と LM との交点として P，Q を求める.

① LM 上の任意の点を C，D とする.
② $v_F c_F$，$v_F d_F$ を延長して**底平面**（E. V(H)）との交点を e_F，f_F とする.
③ $v_T c_T$ の延長線と e_F の対応線の交点 e_T，$v_T d_T$ の延長線と f_F の対応線との交点 f_T を求め，e_T，f_T を結び底円との交点を g_T，h_T とする.
④ $v_T g_T$ と $l_T m_T$ との交点 p_T は求める相貫点の平面図である．同様にして，q_T も求める.
⑤ 三角形 $v_F g_F h_F$ と $l_F m_F$ の交点 p_F，q_F は，正面図上の相貫点となる.

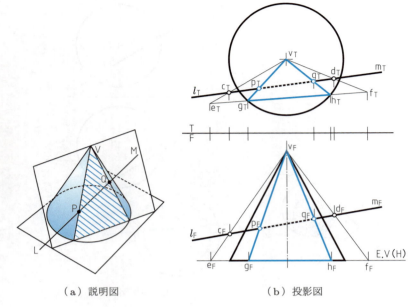

(a) 説明図　　　　　　　　(b) 投影図

図 7.7　直線と円錐の相貫

7.3.3 ● 円錐と円柱との相貫(1)

両立体とも軸が水平面に垂直であるから，水平な補助平面で切断する方法で求める．

例題 7.8　軸が水平面に垂直である円錐と円柱の正面図，平面図が与えられたとき，これらの相貫線を求めよ．ただし，水平な補助平面で切断する方法による（図 7.8）．

解答

① 平面図で $v_T o_T$ を結び延長したときの円柱との交点 a_T, b_T は，相貫線上の最高点 A，最低点 B となるので，v_T を中心とし，$a_T b_T$ を通る円で切断して a_F, b_F を求める．

② 円錐の外形線 $v_F c_F$, $v_F d_F$ と相貫線との接点 p_F, q_F は，平面図における円錐の $v_T c_T$, $v_T d_T$ 線と円柱の交点 p_T, q_T より求められる．

③ 正面図の円柱の外形線と相貫線との接続点 R，S は，o_T を通り $c_T d_T$ に平行な直線と円柱の平面図との交点から r_T, s_T が求められる．また，この点を通る円錐の切断円を描き，正面図に対応点 r_F, s_F を求める．

④ 作図上の点 u_T, w_T, …を平面図上にとり，それを通る切断図上の点として u_F, w_F, …を求めて各点を結ぶことで相貫線が得られる．

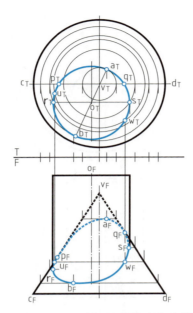

図 7.8　円錐と円柱の相貫（水平な補助平面で切断する方法）

7.3.4 ● 円錐と円柱との相貫(2)

平面図の円柱は端視図であるから，円錐の面素と円柱の交点が相貫点の平面図となり，正面図では面素上の対応点として求めることができる．

例題 7.9　軸が水平面に垂直である円錐と円柱の正面図，平面図が与えられたとき，これらの相貫線を円錐の直線面素と円柱面の交点より求めよ（図 7.9）．

解答
① 面素 VE，VF 上の点 A，B は，正面図では $v_F e_F$，$v_F f_F$ 線上で，点 a_T，b_T の対応点として a_F，b_F が求められる．
② そのほかの外形線に現れる特殊点 P，Q，R，S などについても①と同じように面素上の点として正面図を求め，各点を結べばよい．

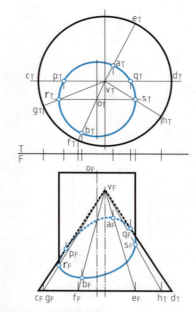

図 7.9 円錐と円柱との相貫（直線面素と円柱面の交点より求める方法）

7.3.5 ● 斜円錐と斜円柱の相貫

例題 7.10 底面が同一水平面上にある斜円錐と斜円柱の正面図，平面図が与えられたとき，これらの相貫線を求めよ（図 7.10）．

解答

斜円錐の頂点 V から斜円柱の軸に平行に引いた直線を含む補助平面で切断して，相貫線を求める．

① 斜円錐の頂点 v_F から，斜円柱の軸 $u_F u_F$ に平行な線を引き，**底平面（E. V(H)）** との交点を p_F とする．
② 頂点 V と点 P を含む補助平面 P_1 で切断すると，平面図において平行四辺形 $a_T b_T f_T e_T$ と三角形 $c_T v_T d_T$ との交点 1_T，2_T，3_T，4_T が求められる．
③ 正面図においても，平行四辺形 $a_F b_F f_F e_F$ と三角形 $c_F v_F d_F$ との交点として 1_F，2_F，3_F，4_F を求める．
④ 同様に，頂点 V と点 P を含む補助平面 P_0，…，P_5 で切断して交点を求め，各々の点を結べば相貫線が得られる．

7.4 各種立体の相貫

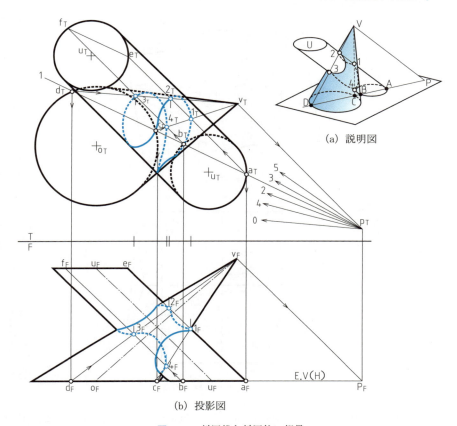

(a) 説明図

(b) 投影図

図 7.10　斜円錐と斜円柱の相貫

7.4 ● 各種立体の相貫

7.4.1 ● 円柱と三角柱の相貫

例題 7.11　三角柱の各稜に平行な円柱と三角柱の正面図，平面図が与えられたとき，これらの相貫線を求めよ（図 7.11）．

解答

① 点 D，E，F，G は，平面図において三角柱の稜 $a_T a_T$，$b_T b_T$ が円柱を貫く点であるから，正面図に d_F，e_F，f_F，g_F が求められる．

② 点 M，N は，最高最低点である．平面図で三角柱の稜 $a_T a_T$ に平行な接線 $m_T 2_T$ を引き，2_T の正面図上の対応点 2_F より $a_F a_F$ に平行線を引いて m_T の対応点とし，m_F を求める．同様に 3_F より n_F も求められる．

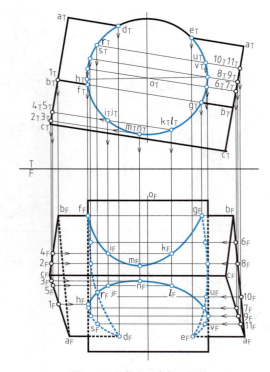

図 7.11　円柱と三角柱の相貫

③ そのほか，相貫線を描くのに必要な作図点を，外形線上に H，I，J，K，L，R，S，U，V ととって，同様の方法で相貫点を求め結ぶ．

7.4.2 ● 円錐と正六角柱の相貫

水平面に平行な任意の補助平面で切断することによって，円錐の切断面は円となり，六角柱の稜との交点として相貫点が求められる．

例題 7.12　水平面に垂直で中心軸を共有する円錐と正六角柱の正面図，平面図が与えられたとき，これらの相貫線を求めよ（図 7.12）．

解答
① 正六角柱の外接円より a_T と a_F，b_T と b_F，c_T と c_F，d_T と d_F を求める．
② 正六角柱の内接円より e_T と e_F，1_T と 1_F，2_T と 2_F，3_T と 3_F，f_T と f_F を求める．
③ 補助平面との交点 4_T，5_T，…，9_T に対応する正面図上の点 4_F，5_F，…，9_F を求めれば，それが相貫点である．

④ 同様に，ほかの補助平面と正六角柱との交点を求めて結べば，相貫線が得られる．
　なお，この相貫線は，機械の要素部である六角ボルト頭部（図(a)）や六角ナットの外形線に現れる線である．

　☞ 機械製図では，六角ボルトの $1_F \sim 3_F$ は実線（外形線）で描かれる．

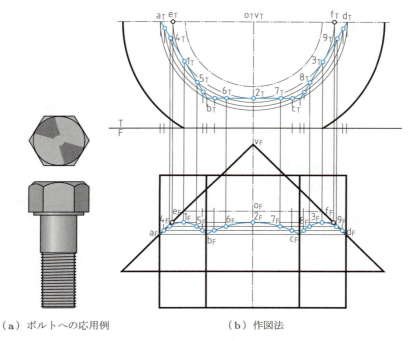

（a）ボルトへの応用例　　　（b）作図法

図 7.12　円錐と正六角柱の相貫

7.4.3 ● 円環と円柱の相貫

例題 7.13　円環と円柱の正面図，平面図が与えられたとき，水平面に垂直で，円環の中心線に平行な補助平面で切断する方法によって相貫線を求めよ（図 7.13(c)）．

解答

① $w_T w_T$ に平行な任意の補助平面と円環との交点 1_T，円柱との交点 2_T，3_T を求める．
② 正面図における 1_T の対応点 1_F を求め，o_F を中心とし $1_F o_F$ を半径とする円弧を描き，2_T，3_T より下ろした垂線との交点 2_F，3_F を求めると，これは相貫点である．
③ 同様に，任意の補助平面との交点より相貫点を求めて結べばよい．この相貫点は，分岐管などにも外形線として現れる（図(a)，図(b)）．

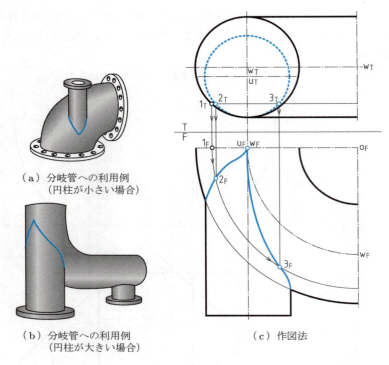

(a) 分岐管への利用例
　　（円柱が小さい場合）

(b) 分岐管への利用例
　　（円柱が大きい場合）

(c) 作図法

図 7.13　円環と円柱の相貫

7.4.4 ● 円柱と円柱の相貫

例題 7.14　垂直に相貫している直径の異なる二つの円柱の正面図，平面図が与えられたとき，2 円柱の軸に平行で水平面に垂直な補助平面で切断する方法を用いて，相貫線を求めよ（図 7.14）．

解答
① 平面図 a_T，b_T は特殊点で相貫点が求められ，正面図では $a_F b_F$ となる．
② 補助平面 $1_T 2_T$ と円柱 U との交点 $c_T d_T$ および $e_T f_T$，正面図は側面図より c_F，d_F および e_F，f_F の相貫点が求められる．
③ 同様にして，任意の補助平面を用いて切断して，正面図に相貫点を求めて結べば相貫線が得られる．
　☞ 図(a)に示すように，2 円柱の中心のずれが異なると，現われる相貫線が異なる．

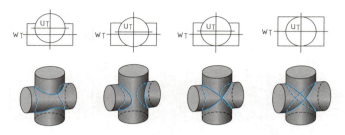

(a) 2円柱の中心線のずれによる相貫線の変化

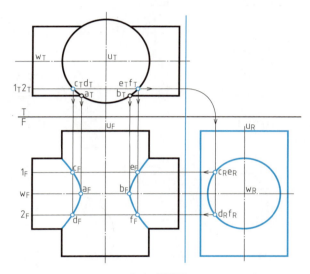

(b) 投影図

図 7.14 円柱と円柱の相貫

+ 演習問題 +

7.1 与えられた三角錐と直線との相貫点を求めよ（問図 7.1）.
7.2 与えられた四角錐と三角柱との相貫線を求めよ（問図 7.2）.
7.3 正六角柱と球の相貫線を求めよ（問図 7.3）.
7.4 軸が直交する円柱と直円錐の相貫線を求めよ（問図 7.4）.

第7章 相貫

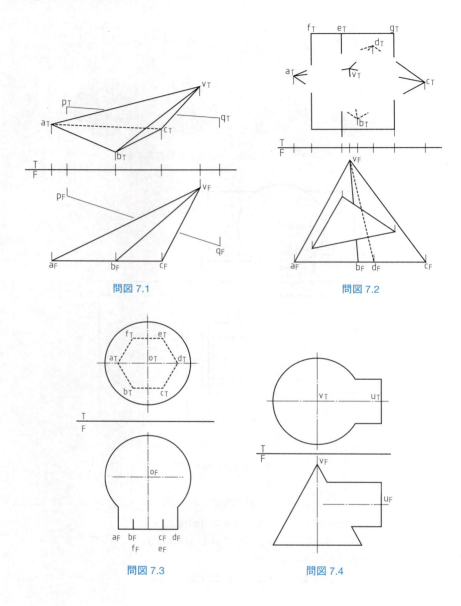

問図 7.1

問図 7.2

問図 7.3

問図 7.4

第8章 接触

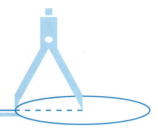

　曲面上の1点を通り，曲面に垂直な任意の平面で曲面を切断すると，交線は**平面曲線**となる．その点において，この平面曲線に接する直線を引けば，これが曲面の接線となる．曲面上の1点を通って曲面を切断する平面は無数にあるから，その点を通る接線も無数にあり，1平面を形づくる．この平面を，曲面のその点における**接平面**（tangent plane）といい，その点を**接点**（tangent point）という．また接点を通って接平面に垂直な直線を，その接点における曲面の**法線**（normal）という．線織面では，この面上の接点を通る面素は，その点における曲面の接線の一つと考えられる．

8.1 曲面と平面との接触

8.1.1 曲面の接平面

例題 8.1 曲面 R の接平面 S を作図せよ（図 8.1）．

解答

① 曲面 R 上の定点 P を含む2平面 T_1, T_2 で曲面を切断し，曲面と交わる線として曲線 AB, CD を得る．
② 平面 T_1, T_2 において，この曲線上の点 P で接線 $t_1 t'_1$, $t_2 t'_2$ を引く．

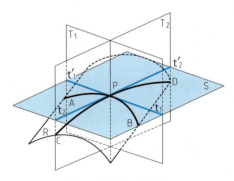

図 8.1　曲面の接平面

③ これを含む平面を考えれば，これが曲面 R の定点 P における接平面 S である．

8.1.2 ● 円錐上の1点における接平面

円錐の頂点 V と錐面上の1点 P を通る直線 VP の延長上に点 Q をとると，直線 VQ は円錐 R の **面素** であり接線である．点 P を通り，軸に垂直な平面で切断してできた円に接線 AB を引くと，両直線 VP，AB を含む平面 S が求める点 P の接平面である．

例題 8.2 正面図，平面図が与えられたとき，円錐上の点 P における接平面を求めよ（図 8.2）．

解答
① $v_T p_T$，$v_F p_F$ より底面上に q_T，q_F を求める．
② 平面図で底円上の q_T に接線 $s_{1T} s_{2T}$ を引く．
③ 接平面の接線 $s_{1T} s_{2T}$ および $s_{3T} s_{4T}$ より，正面図で s_{1F}，s_{2F}，s_{3F}，s_{4F} を求める．
④ 各点を結ぶことで接平面 $S_1 S_2 S_4 S_3$ が求められる．

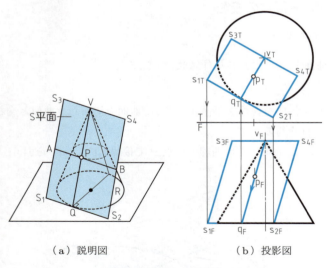

（a）説明図　　（b）投影図

図 8.2　円錐上の接平面

8.1.3 ● 円錐外の1点を通る接平面

例題 8.3 正面図，平面図が与えられたとき，円錐外の1点 P を含む円錐の接平面を求めよ（図 8.3）．

8.1 曲面と平面との接触 | 105

解答

頂点 V と定点 P の延長線と底平面（E. V(H)）との交点 Q より，底円に接する直線を QL，QM とすると，三角形 VQL，三角形 VQM は求める接平面である．
① $v_F p_F$ の延長線と底平面との交点 q_F を定めて，平面図に q_T を求める．
② q_T より底円に接線 $q_T l_T$，$q_T m_T$ を引くと l_T，m_T は接点となる．
③ 三角形 VQL，三角形 VQM は求める接平面である．

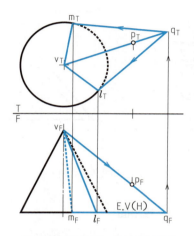

図 8.3 円錐外の 1 点との接平面

8.1.4 ● 斜円柱上の 1 点における接平面

例題 8.4 正面図，平面図が与えられたとき，斜円柱上の 1 点 P における接平面を求めよ（図 8.4）．

解答

点 P を通る母直線 UQ と底円上の点 Q における接線を含む平面が，接平面 S である．
① p_T，p_F を通り，軸に平行な直線 $u_T q_T$，$u_F q_F$ を引き，底円上に q_T，q_F を求める．
② 平面図の点 q_T で底円に接線 $s_{1T} s_{2T}$ を引き，それに平行に点 u_T で $s_{3T} s_{4T}$ を引けば，接平面 S の平面図が求められる．
③ 正面図の点 q_F，u_F において s_{1T}，s_{2T}，s_{4T}，s_{3T} の対応点 s_{1F}，s_{2F}，s_{4F}，s_{3F} を引けば，接平面 $S_1 S_2 S_4 S_3$ が求められる．

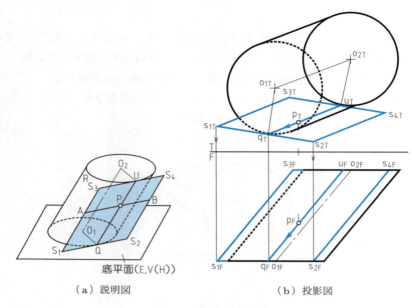

図 8.4　斜柱体上の接平面

8.1.5 ● 球面上の1点における接平面

球面上の1点で接する平面は，その点と中心を結んだ線が法線（球の半径）となるので，1点において半径に垂直な平面が接平面である．

例題 8.5　球および点 P の正面図，平面図が与えられ，直立面に平行な直線 AB，水平面に平行な直線 CD が点 P で球に接する場合に，この2直線を含む平面として接平面を求めよ（図 8.5）．

解答

① $o_T p_T$，$o_F p_F$ を結ぶ．
② $o_T p_T$ に垂直に $c_T d_T$，$o_F p_F$ に垂直に $a_F b_F$ を与えられた長さに引く（点 p_T，p_F での接線）．
③ $c_T d_T$ および $a_F b_F$ に対応する投影点 $c_F d_F$ および $a_T b_T$ を求める．
④ 接線 AB，CD を含む平面が接平面である．

8.1 曲面と平面との接触　107

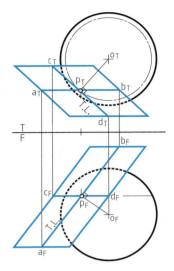

図 8.5　球面上の接平面

8.1.6 ● 1 直線を含んで球に接する平面

　直線を含んで球に接する接平面は，直線を点視図になるように置くと端視図となり，その直線の点視図から球の外形線へ引いた接線で表すことができる．このようにして，接点が定まれば接平面の主投影図が求められる．

> **例題 8.6**　球から離れた場所にある直線 AB と球の正面図，平面図が与えられたとき，直線 AB を含んで球に接する平面を求めよ（図 8.6）．

解答

① $a_T b_T$ に平行な副基準線 $\dfrac{1}{T}$ を引き，副立面図を描く．次に，a_1, b_1 に垂直な副基準線 $\dfrac{1}{2}$ を引いて副平面図を描くと，直線 AB は点視図 $a_2 b_2$ となる．

② 点視図 $a_2 b_2$ より円 o_2 に接線を引き，接点 r_2, s_2 を定める．

③ 基準線 $\dfrac{1}{2}$ に平行な円 o_1 の直径を描き，r_2, s_2 の対応より r_1, s_1 を求める．

④ 対応によって平面図上に $a_T b_T r_T$, $a_T b_T s_T$ を，正面図に $a_F b_F r_F$, $a_F b_F s_F$ を求めると，平面 ABR，ABS が求める接平面となる．

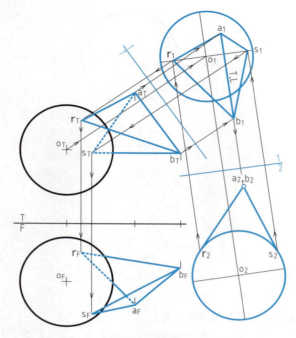

図 8.6 直線を含んで球に接する平面

8.1.7 ● 2 直円錐との共通接平面

一つの平面が二つ以上の曲面に同時に接するとき，この平面を**共通接平面**（common tangent plane）という．

2 円錐は，次の場合に共通接平面がある．
（ⅰ）軸が平行で頂角が等しい場合
（ⅱ）頂点を共有する場合
（ⅲ）同じ球を包絡する場合

例題 8.7 底面が同一水平面上にある二つの直立円錐の正面図，平面図が与えられたとき，その共通接平面を求めよ（図 8.7）．

解答

直立した円錐であるから，接平面と底平面との交線が**共通接線**で，頂点を結ぶ直線と底円の共通接線でできる平面が共通接平面である．

① 正面図で v_F, u_F を結び底平面（E. V(H)）との交点 p_F を求め，平面図上の $v_T u_T$ と対応線との交点として p_T を定める．

② p_T より 2 底円に接線 $p_T a_T$, $p_T c_T$ を引き，接点を a_T, b_T, c_T, d_T とする．正面図にも対応する a_F, b_F, c_F, d_F を求める．
③ 平面 VUBA，VUDC が，求める接平面である．

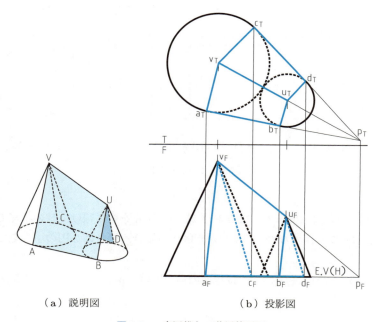

（a）説明図　　　　　　（b）投影図

図 8.7　2 直円錐との共通接平面

8.2 ◉ 曲面の接触

　二つの曲面が同一点で接平面を共有するとき，その 2 曲面は互いに接触するという．曲面が接平面の反対側にあるときは外接し，同一側にあるときは内接するという．また，曲面はその接点において法線を共有する．

8.2.1 ● 2 曲面の接触

　図 8.8(a) は，2 円錐の接触の場合で，正面図には 2 円錐の軸の実長が表されている．接触線 PQ の正面図 $p_F q_F$ は実長で，接平面の端視図も $p_F q_F$ に重なる．
　図 (b) は，2 円柱の接触の場合で，2 円柱の平面図は 2 円になっているので，2 円の接点が接触線 PQ の点視図 $p_T q_T$ となる．
　また，正面図には接触線 PQ の実長 $p_F q_F$ が表され，接平面の端視図が $p_F q_F$ に重

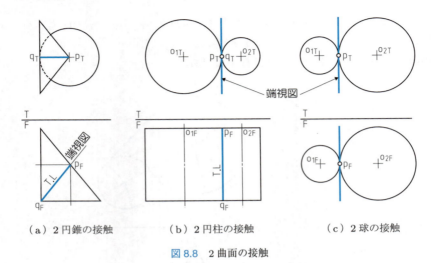

(a) 2円錐の接触　　(b) 2円柱の接触　　(c) 2球の接触

図 8.8　2曲面の接触

なっている．

　図(c)は，2球の接触である．接点 P と球の中心 o_1 を結ぶ線は，球の半径であって接平面の法線となる．すなわち，2球が接触する場合，接点は2円の中心を結ぶ直線上にある．

　2円の接点が2球の接点 P で，接平面の端視図は，p_T，p_F を通り法線に垂直な直線になる．

8.2.2 ● 円弧回転面上の1点で外接する球

例題 8.8　正面図，平面図が与えられたとき，円弧回転面上の点 P で接触する球を求めよ（図 8.9）．

解答

　与えられた点 P を軸 V のまわりに回転し，正面図上で外形線の位置になったとき点 P_1 とする．この点 P_1 において曲面に接する球を描き，もとの位置にもどす作図を行えばよい．

① 平面図で点 p_T を p_{1T} まで回転し，対応する p_{1F} を求める．
② 点 p_{1F} と円弧の中心 q_F を結べば，これが共通法線である．
③ この延長線上に与えられた半径の球を描き，中心を o_{1F}，o_{1T} とする．
④ 球の中心 o_{1T} を $v_T p_T$ の延長線まで回転し o_T とする．
⑤ o_T の対応点として正面図に o_F を求め，この点を中心として与えられた半径の円を描けばよい．

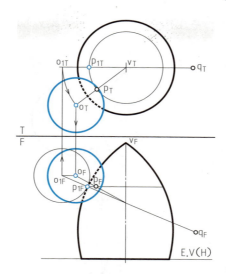

図 8.9　円弧回転面と球の接触

8.2.3 ● 水平面上にあって相接する 3 球

1 平面上にある三つの球は，互いに接するように一定の位置に置くことができる．まず，2 球 O_1，O_2 を外接させ，中心と接点を通る直線が直立面に平行になるように置く．次に，第 3 の球 R を球 O_1，O_2 にそれぞれ外接して，おのおのの中心を結ぶ線が直立面に平行になるように球 R_1，R_2 として描く．

球 O_1 に接する球 R_1 と同じ大きさの球の中心点の軌跡は，平面図上で o_{1T} を中心とし，$o_{1T}r_{1T}$ を半径とする円弧である．また，球 O_2 に接する同じ大きさの球 R_2 の中心点の軌跡は，o_{2T} を中心とし，$o_{2T}r_{2T}$ を半径とする円弧である．したがって，この 2 円弧の交点 r_T が第 3 の球 R の中心である．

例題 8.9　3 球が水平面上で接触するような投影図とその接点を求めよ（図 8.10）．

解答
① 2 球 O_1，O_2 が直立面に平行な位置で接した図を描く．正面図では接する 2 円 o_{1F}，o_{2F} となり，平面図では交わる 2 円 o_{1T}，o_{2T} となる．
② 2 円 O_1，O_2 と同じ底平面（E. V(H)）を水平面とする球 R を，正面図において円 o_{1F}，o_{2F} にそれぞれ接する円 r_{1F}，r_{2F} として描き，平面図では o_{1T}，o_{2T} の延長上に r_{1T}，r_{2T} を求める．
③ o_{1T} を中心とした半径 $o_{1T}r_{1T}$ の円弧と，o_{2T} を中心とした半径 $o_{2T}r_{2T}$ の円弧との交点 r_T を求め，対応点として正面図に点 r_F を求める．

④ 3球の接点 l_T, m_T は，それぞれ接点 l_F, m_F より求められる．

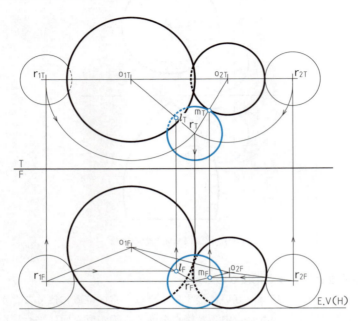

図 8.10　水平面上の 3 球の接触

---　演習問題　---

8.1 斜柱体外の 1 点 P を通る接平面を求めよ（問図 8.1）．

8.2 与えられた直円錐面上の 1 点 P において，接触する半径 r の球 O の投影を求めよ（問図 8.2）．

8.3 水平面上において，直円錐 V と球 O_1 に同時に接触する球 O_2 の投影を求めよ（問図 8.3）．

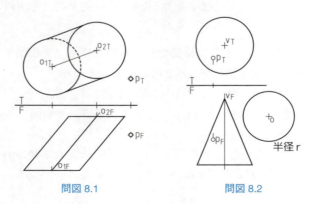

問図 8.1　　　　　　　　問図 8.2

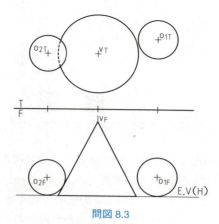

問図 8.3

第9章 陰影

不透明な物体を光源の前に置くと，光に面した部分は明るい**光面**（illuminated surface），物体の裏側は光の当たらない**陰面**（dark surface）となる．この陰面を単に**陰**（shade）ともいう．また，物体の表面上での光面と陰面との境界線が**陰線**（shade line）である．光線を受けている物体の後ろにほかの面があるとき，その面上にできる光線の当たらない部分を**影**（shadow）といい，その境界線を**影線**（shadow line）という．

9.1 ◉ 光線の種類による陰影

図 9.1(a) は，点光源による**発散光線**（radiating ray）の陰影である．陰線は，光源を頂点とし，球を包絡する**錐面**（**光線錐**，cone of ray）と物体との接触線であり，影線は，光線錐と平面との交線である．図(b)は，光源が無限遠にある**平行光線**（parallel ray）の場合で，光線は**光線柱**（cylinder of ray）となり，光線柱と物体との接触線が陰線，光線柱と平面との交線が影線である．

また，ほかの立体上にできる物体の影線は，包絡する錐面または柱面と立体との相

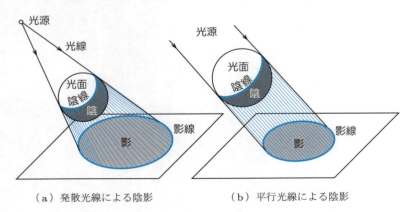

（a）発散光線による陰影　　　　　（b）平行光線による陰影

図 9.1　光線の陰影

9.2 点および線の影 115

貫線である．

以下，本章では，**平行光線**による陰影を取り扱う．なお，陰も影も人の感じる明暗は一様ではないが，作図では一様とみなして陰線，影線を求めることとする．

● 光線の方向

建築物のように位置が固定しているものでは，これに当たる光線の向きは，太陽などの光源の位置により定まっているが，一般の立体の陰影では，光線の方向は任意であると考えてよい．

光線の方向がとくに指示されていないときは，**標準光線**として，図 9.2(a)に示すような方向を光線方向 R として用いる．

この光線の方向図示は，その方向を矢印で示し，空間では R，平面図では r_T，正面図では r_F，側面図では r_R，r_L で表す．図 9.2(b)は投影図である．陰影の作図では，光線はすべてこの投影と平行にとればよい．

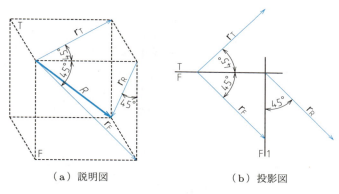

（a）説明図　　　　　　（b）投影図

図 9.2　標準光線の方向

9.2 ● 点および線の影

標準光線の方向は，基準線に対して 45°の傾きであるから，図 9.3(a)のように，点 A の影 A_S は A を通る光線方向の直線と水平面との交点であり，点 B の影 B_S は直立面との交点である．

例題 9.1　点 A, B の正面図，平面図が与えられているとき，その影を求めよ（図 9.3）．

解答

● 点 A の場合（図(b)）
① a_F より r_F 方向の直線を引く．

② 平面の端視図（E. V(H)）との交点に対応線を引き，a_T から r_T 方向に引いた直線との交点として影 A_S を求める．

● 点 B の場合（図(c)）
① b_T より r_T 方向の直線を引く．
② 直立面の端視図（E. V(V)）との交点に対応線を引き，b_F から r_F 方向に引いた直線との交点として影 B_S を求める．

図 9.4 は，直線の影が水平面から直立面にわたっている場合の投影である．

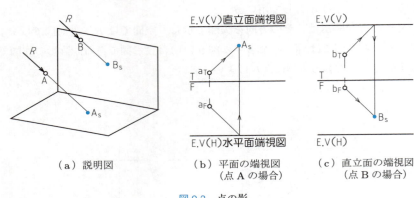

（a）説明図　　（b）平面の端視図　　（c）直立面の端視図
　　　　　　　　（点 A の場合）　　　　（点 B の場合）

図 9.3　点の影

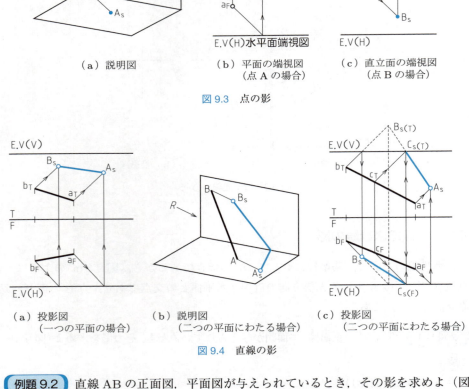

（a）投影図　　　　（b）説明図　　　　（c）投影図
（一つの平面の場合）　（二つの平面にわたる場合）　（二つの平面にわたる場合）

図 9.4　直線の影

例題 9.2　直線 AB の正面図，平面図が与えられているとき，その影を求めよ（図 9.4）．

> **解答**

●影が一つの平面だけにある場合（図9.4(a)）
① 点 A, B についてそれぞれ図9.3(a)のように投影を行う．
② A_S, B_S を結ぶ．

●影が水平面から直立面にわたる場合（図9.4(b), (c)）
① b_F より r_F 方向の直線を引き，E. V(H) との交点の対応線と，b_T より r_T 方向に引いた直線との交点 $B_{S(T)}$（**虚影**）を求めて，a_T より求めた影 A_S とを結ぶ．
② E. V(V) との交点を $C_{S(T)}$ とする．正面図では，B_S と $C_{S(F)}$ を結べばよい．

9.3 ● 平面図形の影

平面図形は，直線または曲線で囲まれた図形であるから，その直線または曲線の影を前述の方法で求めるとよい．

9.3.1 ● 三角板の影

三角板の各投影点（a_F, b_F, c_F, a_T, b_T, c_T）より，標準光線による影点（A_S, B_S, C_S）を求めて結ぶことによって求められる．

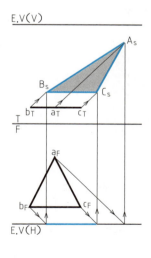
（a）水平面の影

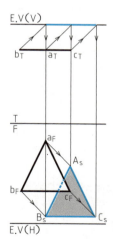
（b）直立面の影

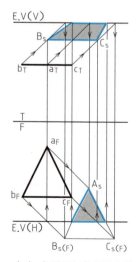
（c）水平面と直立面の影

図9.5 三角板の影

例題 9.3 三角板の正面図,平面図が与えられているとき,その影を求めよ(図 9.5).

解答
① 図(a)は影を水平面だけに投じる場合.
② 図(b)は影を直立面だけに投じる場合.
③ 図(c)は影を水平面から直立面にわたって投じる場合である.

いずれも三角形の頂点について,点の投影法によって影を求め,それらを結ぶことで影が得られる.

9.3.2 ● 円板の影

図 9.6 は,直立面に平行な円板が水平面に投じる影で,図のように楕円となる.

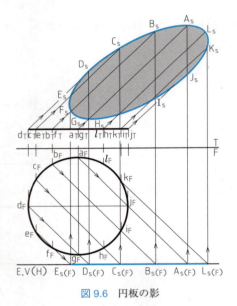

図 9.6 円板の影

例題 9.4 円板の正面図,平面図が与えられたとき,その影を求めよ(図 9.6).

解答 作図は,正面図の円周上の各点の影を前述の方法で定めて結ぶことで求められる.

9.4 立体の陰影

立体の陰影は，(1)立体の陰面，(2)立体の水平面に投じる影，(3)ほかの立体の面上に投じる影に分けられる．作図で陰が求めにくい場合は，影線を先に求めて，影線を生じる線として陰線を求める．

9.4.1 多面体の陰影

多面体の陰影の作図は，点，直線および平面の作図を総合したものである．

> **例題 9.5** 水平面上にある四角錐の正面図，平面図が与えられたとき，その陰影を求めよ（図 9.7）．

> **解答**

頂点 V の影 V_S は，V を通る光線方向の直線と E. V(H) との交点である．
① v_F より光線方向に直線を引き，E. V(H) との交点を $V_{S(F)}$ とする．
② v_T より光線方向に引いた直線と $V_{S(F)}$ の対応線との交点は，頂点の影 V_S である．
③ $V_S a_T$，$V_S c_T$ は影線，$v_T a_T$，$v_T c_T$ は陰線である．

> **例題 9.6** 水平面上にある角柱の正面図，平面図が与えられたとき，その陰影を求めよ（図 9.8）．

> **解答**

点 B，C，D の影 B_S，C_S，D_S は，各点より光線方向に引いた直線と水平面との交点を求めればよい．
① b_F，c_F，d_F より光線方向に直線を引き，E. V(H) との交点 $B_{S(F)}$，$C_{S(F)}$，$D_{S(F)}$ を求める．
② b_T，c_T，d_T より光線方向に引いた直線と，$B_{S(F)}$，$C_{S(F)}$，$D_{S(F)}$ の対応線との交点として，B_S，C_S，D_S を求める．
③ b_T，B_S，C_S，D_S，d_T，c_T を結べば影となり，$b_F c_F$ の面は陰となる．

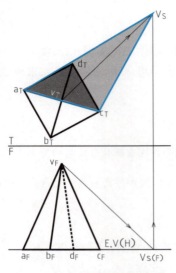

図 9.7 水平面上の四角錐の陰影

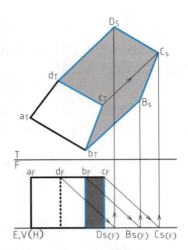

図 9.8 水平面上の角柱の陰影

> **例題 9.7** 四角柱の正面図，平面図が与えられたとき，その水平面から直立面に投じる影を求めよ（図 9.9(a)）．

解答

水平面瑞視図（E. V(H)）を利用して作図する．
① 点 A の影 A_S は，a_T より光線方向に直線を引き，E. V(V) との交点に垂線を立て，a_F より光線方向に引いた直線との交点として求める．
② 点 C，D において，同様にして C_S，D_S を求める．
③ 点 E，F の影 E_S，F_S の場合は，e_F，f_F より光線方向に直線を引き，E. V(H) との交点に立てた垂線と，e_T，f_T より光線方向に引いた直線の交点として E_S，F_S を求める．
④ 各点の影を結べば，正面図には直立面上，平面図には水平面上に投じる影が求められる．

> **例題 9.8** 三角錐の正面図，平面図が与えられたとき，その水平面から直立面に投じる影を求めよ（図 9.9(b)）．

解答

① 頂点 V の影 V_S は，E. V(V) がないものとして虚影 $V_{S(T)}$ を作図する．
② $v_T V_{S(T)}$ を結ぶ線と E. V(V) との交点より，正面図上に V_S を求める．

9.4 立体の陰影

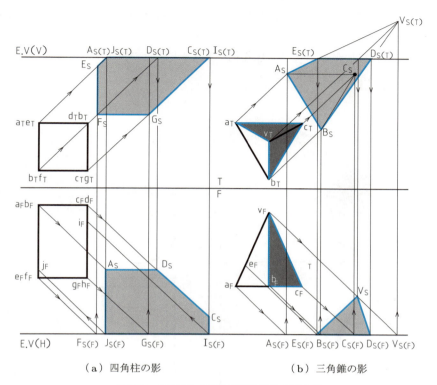

(a) 四角柱の影　　　　　(b) 三角錐の影

図 9.9　水平面から直立面に投じる立体の影

③ 直立面上の影は，$D_{S(T)}$，$E_{S(T)}$ の対応点より $V_S E_{S(F)} D_{S(F)}$ が求められる．

9.4.2 ● 曲面体の陰影

　錐体や柱体の陰影は，その底面や頂点の影を求めたのち，錐体の場合は頂点の影から底面の影に接線を引き，柱体の場合は両底面の影の共通接線を引いて求める．また，陰線は影線となっている面素や，底面の一部として求められる．

(a) 水平面上の円錐の陰影

例題 9.9　水平面上にある円錐の正面図，平面図が与えられたとき，その陰影を求めよ（図 9.10）．

解答

　頂点 V の影 V_S を求め，平面図の円に接線を引くと影線 $V_S A_T$，$V_S B_T$ となる．VA，VB は陰線である．

① v_F より光線方向に直線を引き，E.V(H) との交点を $V_{S(F)}$ とする．

② v_T より光線方向に引いた直線と $V_{S(F)}$ からの垂線との交点 V_S は，頂点の影 V_S である．
③ V_S より底円に接線 $V_S A_T$，$V_S B_T$ を引くと，水平面上の影が求められる．
④ 陰線は，VA，VB を結べばよい．

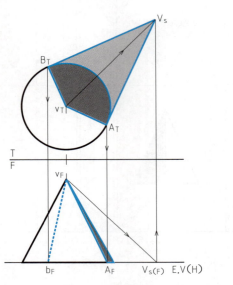

図 9.10　円錐の陰影　　　　　図 9.11　円柱の陰影

(b) 水平面上の円柱の陰影

上底円は水平面に平行であるから，平面上の影は底円に平行で合同である．

例題 9.10　水平面上にある円柱の正面図，平面図が与えられたとき，その陰影を求めよ（図 9.11）．

解答
① 上底円の中心 o_F より光線方向へ直線を引き，E.V(H) との交点を $O_{S(F)}$ とする．
② o_T より光線方向に引いた直線と $O_{S(F)}$ からの垂線との交点 O_S は，上底面の影の中心となる．
③ O_S を中心とし底円と同一半径の円を描き，両円に接線を引けば，円柱の影が求められる．
④ 陰線は母線 AB である．

(c) 水平面上の球の陰影

球は，光線に垂直な大円が陰線となるので，水平面上の影は，この大円の影として求められて，一般には楕円である．

> **例題 9.11** 水平面上にある球の正面図，平面図が与えられたとき，その陰影を求めよ（図 9.12）．

解答

① 光線の平面図 r_T に平行な副基準線 $\dfrac{T}{1}$ を引き，陰線の大円が端視図となるように副立面図に o_1 の円を描く．光線 r_1 は光線 r_T の副立面図である．

② r_1 に垂直な直径 $a_1 e_1$ は，陰線の端視図である．次に，副立面図に垂直な平面で球 o_1 を切断して，陰線と切断面との交点 a_1, b_1, c_1, d_1, e_1 を求める．

③ a_1, …, e_1 の対応点として，a_T, b_T, c_T, d_T, e_T を求め，これと対称な点 f_T, g_T, h_T を求めて結べば，平面図の陰線を得る．正面図にも a_F, …, h_F の陰線が求められる．

④ 球の影は，球 o_1 の陰線上の各点から r_1 に平行線を引き，E. V(1) との交点を $E_{S(1)}$, $D_{S(1)}$, $C_{S(1)}$, $B_{S(1)}$, $A_{S(1)}$ などとし，その対応点と a_T, …, h_T から r_T へ平行に引いた直線との交点として A_S, B_S, C_S, D_S, E_S, F_S, G_S, H_S を結べばよい．

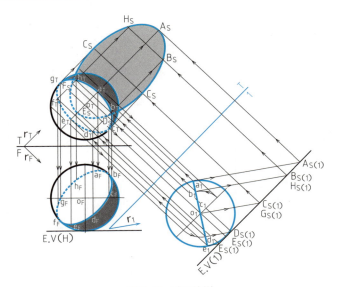

図 9.12　球の陰影

9.5 ほかの立体に投じる影

立体の影の一部が，ほかの立体上に投じる場合について考える．このような影の位置を求めるには，第1の立体面の陰線上の点を通る光線が，第2の立体面と交わる点を求めればよい．

9.5.1 円柱面上に投じる直線の影

例題 9.12 円柱と直線 AB の正面図，平面図が与えられたとき，直線 AB が円柱面上に投じる影を求めよ（図 9.13）．

解答

直線 AB および光線 R を含む補助平面で円柱を切断して，交点より影を求める方法で作図する．
① 直線 AB に作図点 A，2，3，4，B を定める．
② 平面図で，各点より光線方向に引いた直線と円柱との交点を求める．
③ 平面図の円柱との交点より正面図に対応線を引き，直線の $a_{F(1)}$, …, $b_{F(5)}$ を通っ

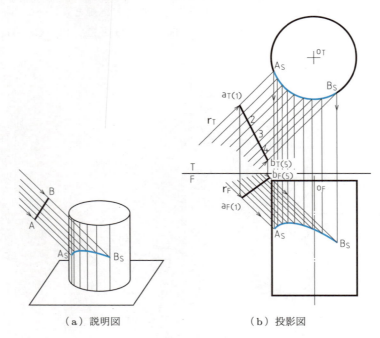

（a）説明図　　　　（b）投影図

図 9.13　円柱面上の影

て光線 r_F 方向に引いた直線との交点 A_S, …, B_S を求めて結べば，直線 AB の影が得られる．

9.5.2 ● 屋根上の煙突の影

例題 9.13　屋根と煙突の正面図，平面図，側面図が与えられたとき，煙突が屋根上に投じる影を求めよ（図 9.14）．

解答
三角柱の側面に投じる四角柱の影として求められる．
① 正面図で $a_F d_F$，$b_F c_F$ より光線方向に直線を引き，三角柱（屋根）の稜線との交点 B_{S1F}，D_{S1F}，D_{S2F} を求める．
② 平面図の b_T，c_T，d_T より光線方向に引いた直線と，B_{S1F}，D_{S1F} に立てた垂線および直線 $D_{S2T} D_{S1T}$ との交点 B_S，C_S，D_S を結べば，平面図上の影が得られる．三角柱の稜線と影線の交点を B_{S2T} とすると，正面図では対応する点として B_{S2F} が求められる．

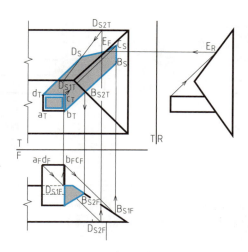

図 9.14　屋根上の煙突の影

9.5.3 ● 階段に投じる壁の陰影

例題 9.14　階段と壁の平面図，側面図が与えられたとき，壁が階段に投じる影を求めよ（図 9.15）．

解答

階段に投じられる影は，水平面と鉛直面が組み合わされた立体への陰影として考えて作図を行う．

投影図が水平および鉛直だけである場合には，主投影図のどれかに各投影面の端視図が表されるので，光線方向の直線と投影面との交点が容易に求められ作図ができる．

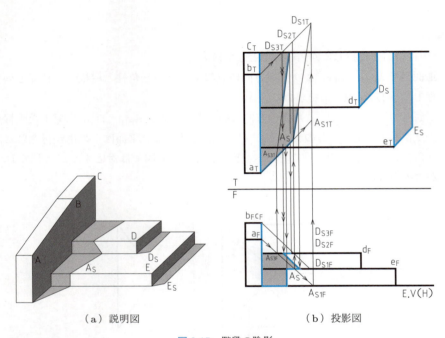

（a）説明図　　　　　　　　　（b）投影図

図 9.15　階段の陰影

演習問題

9.1 図 9.13 の円柱が直円錐の場合の直線 AB の影を求めよ．
9.2 図 9.10 の円錐が倒立円錐である場合の陰影を求めよ．

第10章 平行投影

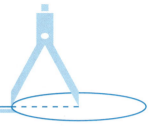

10.1 ◉ 投影の種類

3次元の物体の形を平面上に表現する投影法には，図 10.1 に示すように，三つの要素の組み合わせにより異なったものがある．投影法を大分類すると，図 10.2 のよ

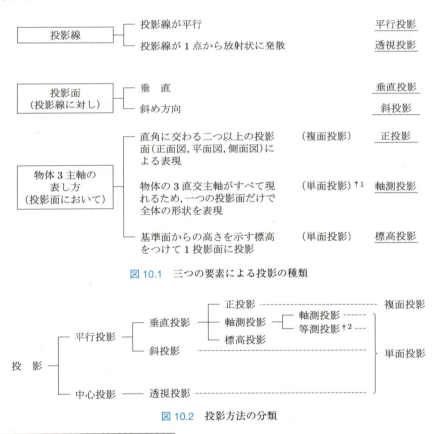

図 10.1　三つの要素による投影の種類

図 10.2　投影方法の分類

---

†1 立体を表すのにただ一つの投影だけで示す（複面投影は正面図，平面図などで示す）．
†2 3 直交主軸の投影が互いに 120° をなし，各軸とも同じ縮尺を用いる．

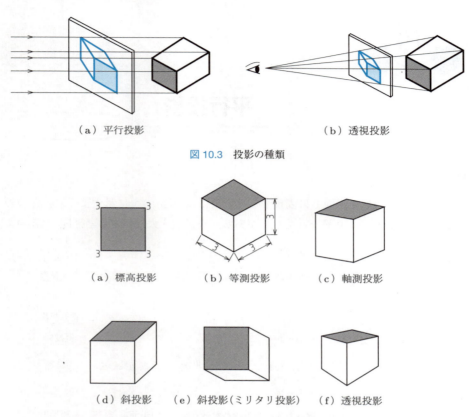

(a) 平行投影　　　　　　　　(b) 透視投影

図 10.3　投影の種類

(a) 標高投影　　(b) 等測投影　　(c) 軸測投影

(d) 斜投影　(e) 斜投影（ミリタリ投影）　(f) 透視投影

図 10.4　平行投影の種類(a)～(e)と透視投影(f)

うになる．図 10.3 のように，投影線の種類で分類すると平行投影と中心投影となる．また，単面投影は，図 10.4 のように分類される．

10.2 ◉ 正投影

　正投影（orthogonal projection）では，物体の形状を表すのに，図 10.5 に示すように，**正面図（立面図）**および**平面図**，場合によっては側面図を用いて示すが，これらは二つ以上の投影面を用いるため，**複面投影**ともいわれる．

　図 10.6(a)は，正投影によって物体の形状を示したものである．すなわち，正面から見た形状（正面図），上部または下部から見た形状（平面図），そして側面から見た形状（右または左側面図）のように，複数よりなる投影を行うため，物体の各部にわたる詳細な寸法記入や，寸法公差の指示，そして表面粗さ精度，真円度，平面度など

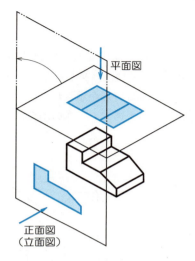

図 10.5　正投影における正面図（立面図）と平面図

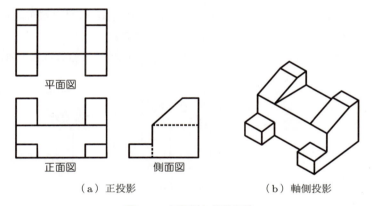

図 10.6　正投影と軸測投影

の記述に都合がよい．

　このため，主として製作図などに多く用いられている．しかし，物体の全体の形状を理解させることが困難であったり，また，1本の線の有無により形状がまったく異なってしまう場合もある．そのため，物体の形状によっては，同図(b)のように，一つの投影図だけで容易に物体の形状を示すことができる，**軸測投影**や**斜投影**，または**透視投影**などを併用したり，もしくは単独にて用いることもある．

10.3 ◉ 斜投影

平行投影において，投影線が投影面に対して傾斜するものを**斜投影**（oblique projection）という．斜投影においては，直交する 3 軸のうち 2 軸は必ず投影面に平行にとる．このため，投影面に平行な実形が示されて都合がよい．とくに，円形などのように，軸測投影では楕円になるものでも，この場合は，そのままの円の形で示すことができる（図 10.7）.

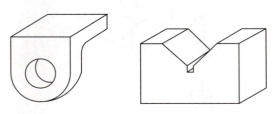

図 10.7　斜投影

図 10.8 は，斜投影の種類を示すもので，斜投影の比率（ratio）μ と，傾角（inclination）δ を与えることにより，図形を容易に描くことができる．

一般には，斜投影を直立面に投影するのが普通であるが，ときには水平面に投影し

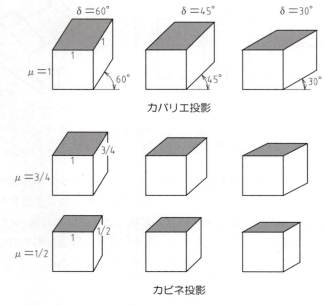

図 10.8　斜投影の種類（斜投影の比率 μ と傾角 δ との関係）

て建築物などを鳥瞰図（bird's eye view）的構図として示すこともある．
（ⅰ）直立面に投影する場合
  $\delta = 45°$ $\mu = 1$：**カバリエ（キャバリエ）投影**（cavalier projection）
  $\delta = 45°$ $\mu = 1/2$：**カビネ（キャビネ）投影**（cabinet projection）
（ⅱ）水平面に投影する場合
  上から見下ろした鳥瞰図を描くような投影として，**ミリタリ投影**（military projection）などがある（図10.4(e)）．

☞ 斜投影は，ただ一つの投影面だけで物体の形状を表現できる点では，軸測投影と同じであるが，「物体の主要な面に対し，画面を平行に置く」という点では正投影と同じである．
  傾角 δ は，どんな角度でも任意に定めてよいが，作図するときには，主として 30°，45°，60° が使用される．比率 μ は，1，3/4，1/2 のほか $1/\sqrt{2}$ も用いられる（一般的には，$\delta = 30°$，$\mu = 1$ の作図が容易である）．

10.4 ◉ 軸測投影

10.4.1 ● 軸測投影

図 10.9 のような正六面体を示すのに，正投影，すなわち正面図および平面図の二つの投影面を用いた，いわゆる**複面投影**による表し方ではなく，これをただ一つの投影面（**単面投影**）によって表すには，この立体を傾けた状態で見れば，互いに直交する 3 軸を一つの投影面に投影することができ，立体の形状をはっきりつかむことができる．このような投影を**軸測投影**（axometric projection）といい，直交する 3 軸の投影

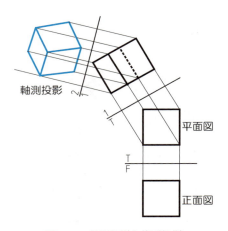

図 10.9　軸測投影と複面投影

を**軸測軸**（axometric axis），3軸の縮比を**軸測比**，軸測軸上の3軸の単位長の尺度を**軸測尺**，これら3軸の交点を**基点**という．

軸測投影は機械，器具，建築物などの図示に多く用いられるが，軸測軸の方向と軸側比に，図10.10，10.11に示すような関係があり，軸測比の三つがすべて異なる場合を**三軸投影**（trimetric projection），いずれか二つが等しい場合を**二軸投影**（dimetric projection）という．

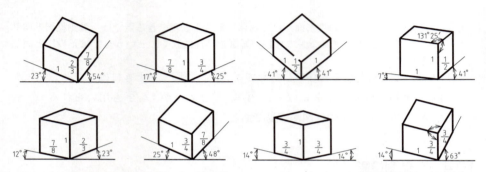

図 10.10　軸測軸の方向と軸測比（三軸投影）　　図 10.11　軸測軸の方向と軸測比（二軸投影）

10.4.2 ● 等測投影および等測図

軸測投影の特別な場合として（図 10.12），3主軸の投影が互いに120°をなすときがあり，これを**等測投影**（isometric projection）という．

図 10.13 において，$L = AO_1$，$l = AO$ とすれば，

$$\frac{l}{L} = \frac{\cos 45°}{\cos 30°} = \sqrt{\frac{2}{3}} \fallingdotseq 0.816$$

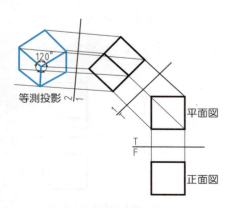

図 10.12　等測投影と複面投影

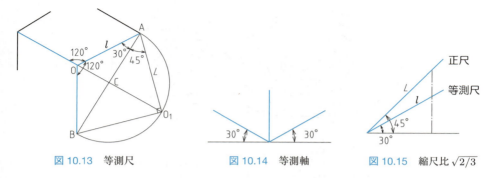

図 10.13　等測尺　　図 10.14　等測軸　　図 10.15　縮尺比 $\sqrt{2/3}$

となる．すなわち，$L = 1$ とすれば，$l = \sqrt{2/3}$ となり，この縮尺比をもつ縮尺を**等測尺**，主軸を**等測軸**という．そして水平線に対し，30°および 90°の線を引けば（図10.14）等測軸となり，$\sqrt{2/3}$ の**縮尺比**によって描けば等測投影となる．

しかし，縮尺をまったく用いず，原尺をそのまま 3 軸に用いて作図する場合は，ただそのままの図形を描くだけで，実用上非常に便利である．なおこれはもう投影ではなく，このように現尺のままで描く場合の図を**等測図**（isometric drawing）という．

$\sqrt{2/3}$ の縮尺は図 10.15 のような縮尺図をつくって用いると便利である．

10.5 ● 標高投影

標高投影（index projection）は，物体をある基準面からの高さで表現する投影法で，一平面の広さに比べ，高さの変化が少なく，また，不規則な高低を示すのに便利である．その代表的なものとして地形図がある．これは，海面を基準面として，その**標高**（index）の等しい点を連結した曲線，すなわち，**等高線**（contour line）によって表すもので，地形の起伏や，傾斜角の大小などがよくわかる．

例題 10.1　図 10.16 に示す地形の平面図から東西断面図を求めよ．

解答
① 平面図が与えられているから，東西断面図において，0 基準より 200 m，400 m，600 m，800 m の基準線を引く．
② 平面図の標高 200 〜 800 m の各点より，東西断面図に垂線を引く．
③ 対応する交点を結べば断面図が得られる．

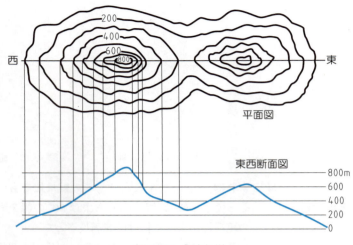

図 10.16 標高投影

 演習問題

10.1 正投影図（問図 10.1，10.2）で示した物体を，斜投影または軸測投影で描け．

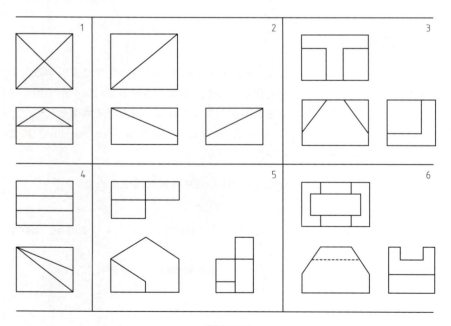

問図 10.1

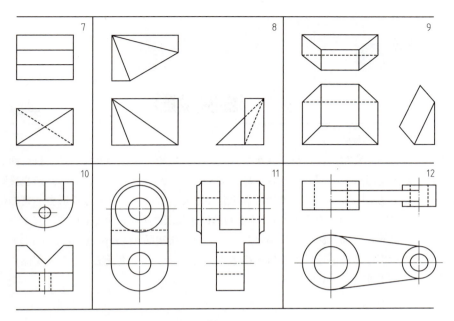

問図 10.2

第11章 透視投影

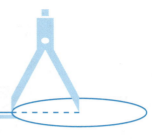

　これまでに述べた投影は，投影線が平行であったため，物体の大きさは，投影面からの距離が遠く離れても同じ大きさに見えて不自然であった．これに対し，**透視投影**（perspective projection）は，投影線が平行でなく，1点に集中する投影で，目の位置を第1象限におき，直立面の背後，すなわち第2象限に物体をおくもので（図 11.1），これにより直立投影面（画面）に描かれる図形を，**透視図**（perspective drawing）という．この投影は距離の遠いものほど小さく見える，いわば**遠近法**であり，実際に目で見た感じによく合っている．

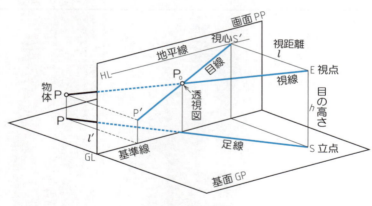

図 11.1　透視投影

11.1 直接法

　立体は点の集合であるから，図 11.1†に示すような点 P_0 の作図が必要となる．

　　　E：**視点**（point of eye）　目の位置
　　　EP：**視線**（visual line）　視点と物体とを結ぶ線
　　　PP：**画面**（picture plane）　物体と視点との間の透視図を描く直立投影面

---

† 本書では上記の名称・記号を用いる．JIS の用語とは一部異なっているので注意されたい．

GP：**基面**（ground plane）　人が立っている平面
GL：**基線**（ground line）　画面と基面との交線
S′：**視心**（visual center）　Eの画面上への投影点，正面図
HL：**地平線**（horizontal line）　視心を通り基線に平行な画面上の線
S：**立点**（station point）　Eの基面への投影点，平面図
P_0：**物体Pの透視図**　視線と画面との交点

図 11.2 に作図法を示す．これらの作図を繰り返すことにより，立体の透視図を描くことができる．この作図法は，視線から直接求められるので**直接法**という．

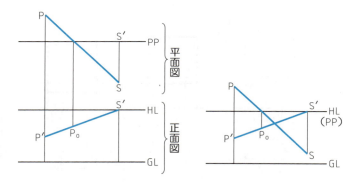

図 11.2　透視投影の作図法

点 P の透視投影を行う場合，図 11.3，図 11.4 の両図とも，求めた P_0 は同じ位置に得られる．すなわち，両図とも，目の高さ，視距離，物体の高さ，画面から物体までの距離などが，同一であることによる．ただ，平面図として見た場合，HL（地平線）

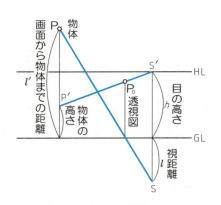

図 11.3　点 P の透視投影(1)

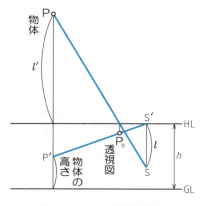

図 11.4　点 P の透視投影(2)

とGL（基線）は一致してしまうので（正面図では，この間隔は目の高さを示す），視距離 l と画面から物体までの距離 l' をとるときに，HLとGLのどちらを基準線にするかによって，2通りの作図ができる．図11.3ではGLを基準にしたが，図11.4では，HLを基準にとっているため，二つの図は異なるが，求められた P_0 は同じになる．

S' と P' とを結ぶ線上の P_0 は，図11.1からもわかるように，視距離を示すGL（図11.3），またはHL（図11.4）と視線との交点から垂線を立てて求められる．

このようにして，視線EPは，平面図では足線，正面図では目線を示し，これによって透視図が求められる．

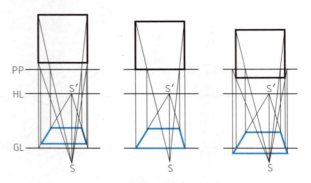

図11.5 正方形の透視図（直接法）

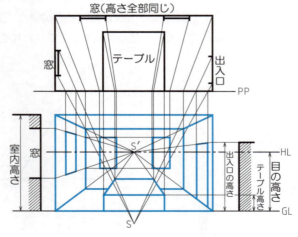

図11.6 室内の透視図

画面に平行な直線の透視は，そのまま平行になるから，画面に垂直なすべての直線の透視は**視心**（S'）に合致する．このため，画面に平行および垂直な直線からなる立体の透視図は，視心と距離から作図できる．そして，これらの透視を**平行透視**という．

図 11.5 に正方形の透視図を示す．同じ正方形の透視図において，これを見る目の高さ（GL と HL との間隔）が同じでも，正方形の位置が立点 S から離れているほど，透視図は小さく，近いほど，大きくなっているのがわかる．

図 11.6 に室内の透視図を示す．平行透視により容易に作図ができる．

11.2 ● 消点法

立体の透視投影[†1]は，目の位置（視点）と物体との距離によって作図できるが，立体の線や面が画面に平行ではなく，傾斜した場合の透視（有角透視）は，距離点[†2]のほかに，消点を用いる**消点法**によって作図が便利になる．

> **例題 11.1** 平面図が与えられたとき，消点法により，正方形が画面に接している場合の透視図を描け（図 11.7）．
>
> **解答**
> ① S より正方形の 2 辺に平行な線を引いて，PP との交点を求め，これより HL まで垂線を下ろし，消点 v_1，v_2 を求める．
> ② a は PP に接しているから，そのまま垂線を GL まで下ろして o を求める．
> ③ o と v_1 および v_2 を結ぶ（この線上に ab および ad がある）．
> ④ S と b および d を結んで，PP との交点から垂線を下ろし，ov_1，ov_2 との交点 b_0，d_0 を求める．
> ⑤ b_0 と v_2，d_0 と v_1 を結べば，この線上に bc，dc があり，これより正方形の透視図が得られる．
>
> ☞ PP と HL とは，平面図として見ると重なるので一致させてもよい（図 11.11 参照）．しかし，この場合のように，多少の余裕をもって図を描くときは，離してもよい．ここで重要なのは，平面図における S と画面（PP）との距離，正面図における HL と GL との間隔は定まったものとして扱うことである（図 11.2，11.5，11.6 参照）．

[†1] 透視投影には，このほかにも測点法などいくつかの作図法があるが，直接法と消点法が最も作図しやすいので，ほとんどの透視図はこの方法で描かれている．

[†2] 距離点とは，視線と目線の交点（図 11.1）によって透視図を求める直接法よりも作図作業が単純な距離点法における特徴点で，地平線点に 1 点設定される．

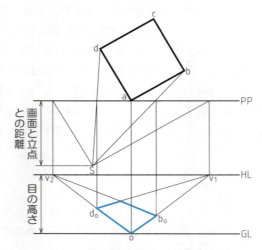

図 11.7 正方形の透視図（消点法）

> **例題 11.2** 平面図が与えられたとき，消点法により，正方形が画面より離れた場合の透視図を描け（図 11.8）．

- 解答 -

① 例題 11.1 と同様に v_1, v_2 を求める．
② a は PP に接していないから，ab を延長して PP との交点を e とし，これより垂線を下ろして，GL との交点を o とする．
③ o と v_1 を結ぶ（この線上に ab がある）．
④ S と a，b および d を結び，PP との交点から垂線を下ろして ov_1 との交点 a_0, b_0 および a_0v_2 との交点 d_0 を求める．
⑤ b_0 と v_2，d_0 と v_1 を結べば，正方形の透視図が得られる．
☞ a が画面 PP に接していないときは，PP への延長線を引くことが必要である．

> **例題 11.3** 画面に接している直方体の平面図と側面図が与えられたとき，その透視図を描け（図 11.9）．

- 解答 -

① 例題 11.1 と同様にして，直方体の底面を描く．
② 高さは，与えられた正面図から点 m を求めて，m と v_1 および v_2 を結ぶ．
③ これより底面を基礎として，直方体の透視図が描ける．

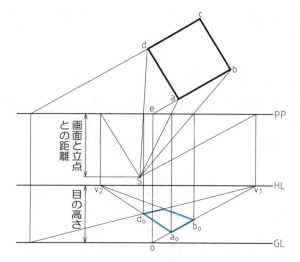

図 11.8　正方形が画面から離れた場合の透視図

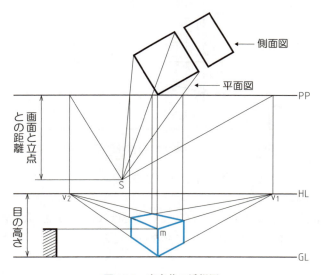

図 11.9　直方体の透視図

例題 11.4
画面と離れている直方体の平面図と側面図が与えられたとき，その透視図を描け（図 11.10）．

解答

① 例題 11.2 に従って，まず底面を描く．
② 高さは与えられた正面図から，点 m を求め，m と v_1 とを結び，点 n を得る．
③ n と v_2 を結ぶ．
④ これより底面を基礎として，直方体の透視図が描ける．

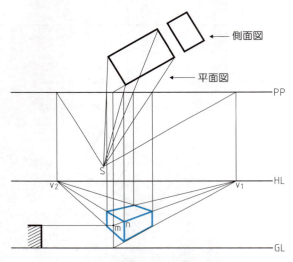

図 11.10　画面から離れた場合の直方体の透視図

透視図においては，同じ物体でも，目の高さ h によって，いろいろと変化のある描き方ができる（図 11.11）．

物体の高さに比べ，h がそれよりも高いか，または低いか，あるいは $h = 0$（虫瞰図）かなどによって，物体の透視図はすべて異なって見える．

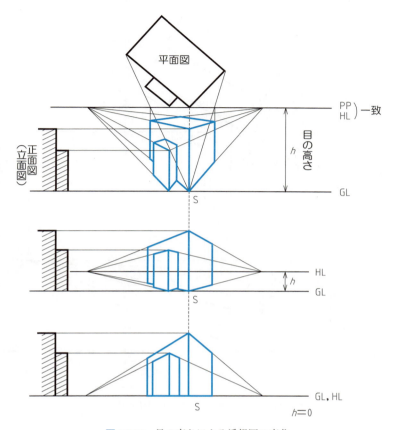

図 11.11　目の高さによる透視図の変化

例題 11.5　簡単な家屋の平面図および正面図によって透視図を描け（図 11.12）.

解答

① 例題 11.3 を参考にして v_1, v_2 を求める.
② 家の底面を描く.
③ 高さは与えられた正面図から求め，家の外形と窓を描く.
④ 屋根の高さを求めるには，例題 11.4 と同様に，まず点 m を求め，これより m と v_1 とを結べば，この線上に屋根の稜線がある.

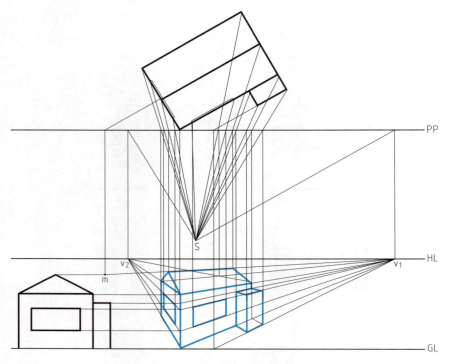

図 11.12　家屋の透視図

> **例題 11.6**　階段の平面図および正面図から透視図を描け（図 11.13）．

- 解答 -

① 例題 11.3 を参考にして v_1, v_2 を求める．
② 階段の底面を描く．
③ 高さは与えられた正面図から求め，例題 11.4，例題 11.5 を参考にして階段を完成させる．

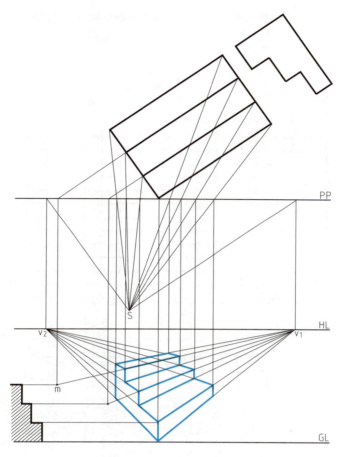

図 11.13　階段の透視図

> **例題 11.7**　教室内部の平面図，および各高さを参考にして，透視図を描け（図 11.14）．

> **解答**
> 図 11.6 の室内の透視図と類似した，直接法による教室内部の透視図であるが，これをしっかり理解すれば作図できる．ここで注意すべきは，机の上面が水平ではなく，実用的に手前側に傾斜していることであり，また，窓も上段と下段に分かれている．

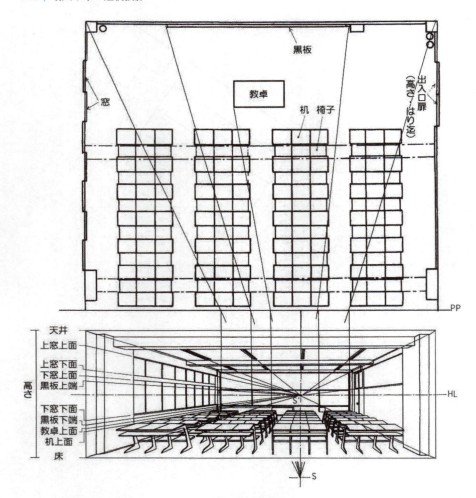

図 11.14 Ｓ大学の教室内部の透視図

　参考のため，学生の作図例を図 11.15，図 11.16 で示す．図 11.15 はＳ大学構内の建物の透視図で，正面の建物は図書館，左右は講義棟および研究棟である．

　図 11.6 は 2 階建住宅の平面図，正面図および側面図を参考にして透視図を描いたものである．

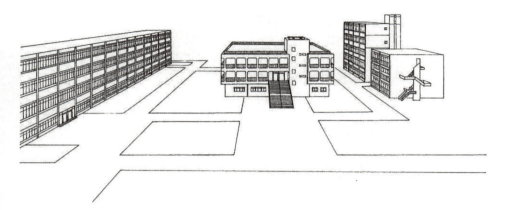

図 11.15　S 大学構内建物の透視図

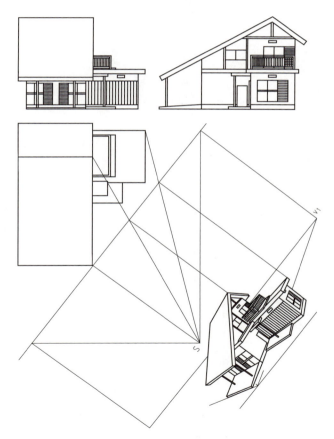

図 11.16　2 階建住宅の透視図

演習問題

11.1 身近にあるテーブルや椅子の透視図を描け．
11.2 建築物の平面図，正面図および側面図を参考にして透視図を描け．また，目の高さをいろいろと変えて透視図を比較せよ．

第12章 コンピュータ図形処理

　これまでの章で，3次元の立体図形を，各種投影法に基づき2次元投影図に変換して，図形処理（実長・実形の導出，切断・相貫・回転操作）する各種の手法を説明した．これらの操作は，定規とコンパスを使う作図として図法幾何学（第1章参照）とよばれている．

　平面図形や立体図形は，これらの図法幾何の知識によって，頭の中で投影や回転の操作が行われる（心的操作）．これらの操作をコンピュータプログラムによって行うことを，**コンピュータ図形処理**とよぶ．図法幾何では，2次元の投影図上の投影点 (x, y) による計量的操作であるのに対し，コンピュータ図形処理では，空間上の3次元座標 (x, y, z) を基にして，写像変換などのベクトル幾何の数値的操作をプログラムとして実現する．

　コンピュータ図形処理は，機械設計などで要求される正しい形状や高精度の寸法を求めるために必要であるだけでなく，人間の図形認知や図形処理の能力を強化したり，補助したりするために利用されることもある．

　さらに，コンピュータ支援による製品製造（CAM）には，コンピュータ図形処理を基にしたアプリケーション（CAD）が必須であり，現代の産業プロセスにおける

図 12.1　3次元 CAD による建物表示[†]

---

† 青山学院大学相模原キャンパスチャペル（2016年度大学院演習成果）

設計製造の基礎となっている（図 12.1）．

12.1 ◉ 入出力用デバイス

コンピュータ図形処理能力は，CPU やグラフィックボードなどのハードウェアの性能に強く依存し，性能改善に伴って短期間に大きく変化することが多い．現在のコンピュータ内で扱われる図形の空間座標などの数値的な情報の多くは，倍精度（有効数字約 15 桁）で扱われるが，入出力機器の扱える図形の精度は大きくそれを下回る．そのため，一般に図形用入出力デバイスは，論理的な図形の関係の入力や，人間の視覚による図形出力画像の確認，意匠を反映するプレビューの機能や人間用の製造用データ作成機能が主となってきている．

(a) 出力デバイス・プロッタ

原寸図が必要な図面出力や，大型の図形出力に使われる専用の出力機器をプロッタとよぶ．X-Y テーブルの上をペンが移動して作画する機器として出発したが，いわゆる図形処理自動作図システムには，二つの大きな流れがある．

その一つは，「製作図面」の自動化，および自動加工法を目的としたアメリカのGerber 社を中心とするもので，MIT（マサチューセッツ工科大学）が NC（数値制御）工作機械の開発に関連して開発したものである．二つめは，コンピュータのグラフィック出力機器の一つとして発展したもので，Calcomp 社を中心として発展した．

したがって，両方の機器の仕様としては，当初は両者ともに，作画スピードに対して精度を優先する**フラットベッド型**（flat bed type：図 12.2）を指向したのに対し，後者は，作画スピード優先だったため**ドラム型**へ移って行った．

Calcomp 社製プロッタの作図プログラムは制御コマンドが少なく，明示的だったため，ほかの機器にも同じ仕様のライブラリとして利用されてきた．同時期に開発さ

図 12.2　初期のフラットベッド型プロッタ：1970 年代 Calcomp 社 Model738

図 12.3　フラットベッド型カッティングマシン（株式会社ミマキエンジニアリングホームページより）

れた．タートルグラフィックス（turtle graphics）による教育用言語 LOGO†も，プロッタと同様に，紙面に対してペンの移動とペン先のアップダウンによって図形を描く手順を取っており，図形プログラミングの基礎として利用された．

現代のドラム型プロッタでは，ドラムに巻きつける型式の紙送り機構で大型の用紙への出力を行っており，大型の印刷機としても利用されることが多い．フラットベッド型プロッタは，服飾デザインの分野などで，型紙の切り出し機器などに応用されている（図 12.3）．一般には，通常のページプリンタが，A3 版までのための小型のプロッタの役割を果たしており，安価な出力機器として利用されている．

(b) 出力機器・スクリーンモニタ・プロジェクタ

これらは，動的な図形処理の結果を対話的に確認し，CAD による作図で処理のプロセスを対話的に進めるために利用される．800 × 600 ピクセルの解像度（SVGA）以上で利用されることが多く，CPU のリアルタイム処理能力の向上や，表示色数（32 ビット：1677 万色）による表現能力の進歩により，立体のアニメーションも十分可能になった．VGA（Video Graphics Array）640 × 480 や，SXGA（Super XGA）1280 × 1024 は，初期に利用されたが，現在は，図形表示用としてはさらに高解像度の液晶モニタが利用されている．

また，液晶プロジェクタによる投影型のスクリーン画像は，液晶モニタと同様に広く利用されており，多くの聴衆への資料掲示で利用されている．投影型の画像は，平面スクリーン以外にも，凹凸のある立体を投影面として利用する新しいアプリケーションも出現している（図 12.4）．

(c) 特殊機器

臨場感や没入感を増幅するために，VR（Virtual Reality，仮想現実）技術などが利用されており，人間の認知能力に直接訴えるために，特殊な機器が開発されている．左右独立の画像を表示し，視差を利用して立体視するためのゴーグルは，使用者が仮

図 12.4　プロジェクションマッピング（東京駅舎への投影画像）

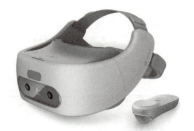

図 12.5　VR 出力機器：VIVE Focus（HTC Corporation ホームページより）

† 1967 年にパパート（Seymour Papert）によって開発された教育用コンピュータ言語である．

想空間内で，画像と同時に，その奥行き情報を取得することができるため，心的回転の理解やトレーニングに利用することができる．ゴーグル以外にも，奥行き情報を提示する3次元立体モニタは，体感型シミュレータや，認知実験などの限定された用途に適用されることが多く，一般的な用途には用いられることが少なかったが，現在では，応用範囲は一般利用まで広がっている．

VRでは，仮想空間における画像を表示するゴーグル（図12.5）が用いられる．これは，使用者の姿勢や方向のセンサーによって，体感的に自然な画像や動画像を表示することが可能であり，新しいメディアとして注目されている．

AR（Augumented Reality，拡張現実）は，現実の空間内に，奥行き情報を含む立体などを表示することによって，作業支援やコミュニケーションに利用することができ，情報空間と現実空間の同時利用を目的としている（図12.6）．

(d) 入力機器

図形の位置座標の入力などは，通常マウスが利用されるが，人間工学的な作業能率や，作図意匠を考慮して，ペンやタブレットを利用することも多くなり，画面からの直接入力機能によって，広い範囲で利用されるようになっている．

(e) デプスカメラ（depth camera）

立体の奥行き情報を迅速に取得することを目的とする立体撮像カメラは，交通インフラなどの社会的な需要のために製品化されている（図12.7）．

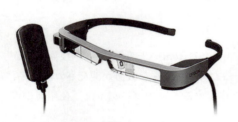

図12.6 AR出力機器：MOVERIO BT-300（セイコーエプソン株式会社）

図12.7 デプスカメラ：Realsense Depth Camera D435（(c) Intel Corporation）

12.2 図形処理ソフトウェア

図形処理ソフトウェアは，コンピュータグラフィックス（computer graphics）を利用して，CGI（Computer Generated Imaginary）アプリケーションや，CAD（Computer Aided Design）アプリケーションによって生成される．CADは，平面

図形・立体図形を，人間の対話的操作によって，計量的に正確な図形情報として加工・保存する機能をもっている．CAD アプリケーションは用途に応じて，さまざまな製品として市場に出回っており，現在も改良が続けられている．一般に，設計製図を目的としたものを限定的に CAD とよぶことが多く，手書き製図の代替として 2 次元図形や投影図作成を主な機能とする 2 次元 CAD（2D-CAD）と，立体を直接造形・編集でき，人間が認知しやすく，加工情報に必要な 3D 情報を含む 3 次元表示を行う 3 次元 CAD（3D-CAD）に大別されている．図 12.8 は 2D-CAD による作画例で，従来の製図規則に従った出力を得ることができる．図 12.9 は，3D-CAD によって，歯車など細部を表現した例である．

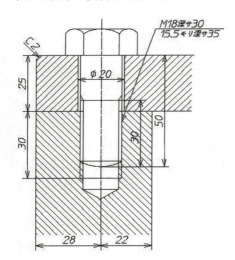

図 12.8　2D-CAD によるボルトナット作図
（PTC 社 Creo Elements/Direct Drafting 使用）

図 12.9　3D-CAD による歯車ポンプ作図
（PTC 社 Creo Elements/Direct Modeling 使用）

人間の行う操作は，以下のとおりである．

位相的関係記述：マウスによる図形指定などの操作で，図面のレイヤー管理，結合編集を行う
空間座標入力：キーボードなどからの入力によって高精度の数値情報を入力する
システム操作：ファイル操作により，図形の保存や呼び出し，部品の再利用を行う

コンピュータハードウェアの一般化により，CAD の性能向上も著しく，現代では手書き製図機に代わる設計用環境として，産業界で広く利用されている．CAD が産業界で利用される理由は，

- 図面の修正など，版管理や部品の再利用に有効であること
- 手書きにおけるレイアウトや作画技能のように，特殊な製図技術が不要であること
- コンピュータ支援による製品製造システム（**CAM**：Computer Aided Manufacturing）との連携を容易にすること

などがあげられる．CAD はユーザインタフェース（user interface）が改良されて，手書きの作図環境に似た入力機能ももつようになり，その結果，図形操作の基礎理解のために，図法幾何の学習ツールとしても利用されている．これは，設計などで高精度の作図の需要や，自由曲線や複雑な図形を扱う要求から，手書き作図に置き換え必要が生じたためである．

現在の CAD ソフトウェアは，すべてが，マウス，タブレット，画面上のボタンなどの GUI（グラフィカルユーザインタフェース）を通して操作されるため，作図の速度は手書き作図に比べて大きく向上している．

ほかに，簡易型作図アプリケーションとして，いわゆるドロー系のソフトウェアが，フリーウェアを中心にして公開されている．多くの CAD ソフトウェアは，共通仕様のデータ形式（たとえば DXF 形式）により作図結果を共有することを可能にしている．人間が行う「投影」操作は，図法幾何の知識を基に設計製図の基礎となってきたが，それをコンピュータ内の作図プロセスに吸収し，立体を直接操作することのできるアプリケーションが 3D-CAD であり，人間 - コンピュータの関係を大きく変えるものとなった．

3D-CAD は，初期の線画だけで構成されるワイヤフレームモデルから，現代の立体内部情報を含むソリッドモデルまで，ベクトル幾何の知識を使って，図形処理操作を数値演算操作に置き換えて処理を行っている．

12.3 ◉ 図形処理プログラミング

コンピュータによる図形処理は，「ベクトル幾何に基づく処理を数値的に実行し，その結果を出力機器に表示して可視化する」手順をプログラム化したものである．本節では，可視化については，出力機器に仮想的なプロッタを想定してプログラムを作成することにする（12.1 節 Calcomp 型プロッタ参照）．これは，ほかの出力機器や，グラフィックライブラリで出力する場合の移植性を考慮したためである．以下のプログラムコード化については，プログラム言語 Java で記述するが，その初歩的な文法についてはほかの参考書を参照していただきたい[22][25]．なお，同様の手順は，ユーザサイドのプログラミング言語として利用されることの多い，JavaScript および，

オブジェクト指向スクリプト言語として利用されることの多い Python で実装することが可能で，以下で利用している汎用作画クラスライブラリ "Engineer.class" およびサンプルプログラムとあわせて，Web 上で公開されているので参考にしていただきたい．(https://www.morikita.co.jp/books/mid/008043)

● プロッタグラフィックス

ユーザがグラフィックプログラミングにおいて，モニタ画面上の位置座標に対応するスクリーン座標系を意識しなければならないとしたら，作業の効率は上がらない．たとえば，紙面と違って，スクリーンにおける座標系は，習慣的に左手系（図 12.10 (b)）で，画面に向かって水平右方向を x 軸正方向，鉛直下向方向を y 軸正方向，画面に垂直手前方向を z 軸正方向とすることが多く，y はモニタ画面の上から下方向へ増加する．各コンピュータ言語の多くのグラフィックライブラリも左手系によって記述されている．

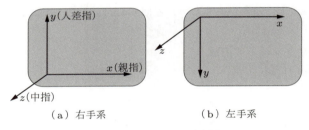

(a) 右手系　　　　　　　(b) 左手系

図 12.10　スクリーン座標系

しかし，一般に理工学の多くの分野では，これと逆に，右手系（図 12.10 (a)）が標準として採用されているので，混乱することが多い．この混乱を防ぐためには，ユーザが，論理的な実数空間座標と解析結果，およびグラフィックスの結果を関係付けることだけに集中する座標系が必要である．この右手系の実数空間座標系をワールド座標系とよぶ．

プロッタグラフィックスでは，ペンの移動と紙面への上げ下げ，およびペンの色交換を基本命令セットとして，ほかの機能はこれを組み合わせて構成していく．モニタ画面上では，さらに，面の塗りつぶしやアニメーションの機能を追加することにより応用範囲が広がる．参考 Web ページ上の Java のスクリーン描画用クラスライブラリは，そのほかの機能とともにクラスライブラリ "Engineer.class" に含まれている．サンプルのユーザプログラムは，Java アプレットとして作成され，標準のアプリケーション "appletviewer.exe" で表示することができる．例を以下に示す．メソッド "u_ plot" は上記 Plot の機能を有し，これによって点列を線分で結び作画していく．

12.4 ベクトル幾何とアルゴリズム

12.4.1 平面図形処理

平面図形に関する演算は，平面ベクトルのベクトル演算と回転操作を考えればよい．ベクトルは，x, y の成分をもち，代数演算や回転など操作を考えて，以下のようにメソッドあるいは関数を定義しておく．

（ⅰ）ベクトルの定義：位置ベクトルの定義
　　　`Vector2D a=new Vector2D(1.0,1.0), b=new Vector2D(6.0,1.0), c=new Vector2D(3.0,5.0);`
（ⅱ）ベクトル和・差：ベクトル演算
　　　`d=a+b, e=c-a d=a.Plus(b); e=c.Minus(a);`
（ⅲ）ベクトルの回転：v を原点まわりに左回り theta 度だけ回転した V_1
　　　`V1=v.Rot (theta);`
（ⅳ）内積：ベクトル a, b の内積 m
　　　`m=a.Sproduct(b);`

　平面図形の例として，ダイアモンド図形の作図プログラムを以下に示す．ここでは，描画メソッド paint の内容のみを示す．このメソッドを前掲のプログラムの paint メソッドと入れ替えてコンパイル・実行する．（図 12.11，ソースコード 12.1）

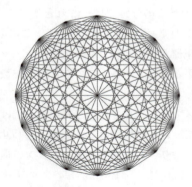

図 12.11　ダイアモンド図形

ソースコード 12.1　ダイアモンド図形作画

```
1  public void paint (Graphics g)
2  {      int Nvertex=16;      // 頂点の総数
3         double r=10.,        // 円の半径
4         dtheta=360./(double)Nvertex;   // 角度の増分
5  Vector2D Vertex[]=new Vector2D[100];  // 頂点の位置ベクトル Vertex の配列
6         Vector2D Vertex0=new Vector2D(r,0.);  // 始点定義
7         Vertex[0]=Vertex0;   // 配列の開始点
8  //  全頂点の座標を計算
9         for(int i=1;i<=Nvertex;i++)
10        {      Vertex[i]=Vertex[i-1].Rot(dtheta);    }
11 //  任意の二つの頂点を結ぶ
12        for(int i=0;i<Nvertex;i++)
13        {      for(int j=i+1;j<=Nvertex;j++)
14               {     u_plot(g,Vertex[i],3);
15                     u_plot(g,Vertex[j],2);    }    }
16        }
17 }
```

12.4.2 ● 投影図形処理

投影は，対象となる点から発する，直進する光線として定義できる「投影線」と，「投影面」との交点を求める操作である．投影面は，本書で扱う第三角法図学の範囲では平面に限定されるため，交点は直線と平面のベクトル幾何的な一意の解として得ることができる．以下に，数値的に投影操作を行うためのアルゴリズムを説明する．

(a) 垂直投影

垂直投影は，平行投影の一種であり，すべての投影線と投影面が垂直である（第10章参照）．多くの場合は，正投影（正面図，平面図など互いに90度で交わる複数の投影面による図的解法の基礎となる投影法）で利用される．

以下，「・」は内積，「×」は外積を表す演算記号である．

3次元の位置ベクトルを，以下のように定義する．投影の対象となる物体を点 A($\bm{a}$)，投影面 S 上の 1 点の固定点の位置ベクトルを P($\bm{p}$)，投影面への法線ベクトルを $\bm{h}$ とする．

A から投影面へ下ろした投影線上の点 X($\bm{x}$) は，

$$\bm{x} = \bm{a} + \alpha \bm{h} \tag{*1}$$

と表せる．ここで，α はスカラー量のパラメータである．

投影面上の点 $\bm{x}$ を表す式は，以下のとおりである．

$$(\bm{x} - \bm{p}) \cdot \bm{h} = 0 \tag{*2}$$

投影点は，(*1)(*2) を連立して求めることができる．
$$(\boldsymbol{a} + \alpha\boldsymbol{h} - \boldsymbol{p}) \cdot \boldsymbol{h} = 0$$
これを解くと
$$\alpha = -\frac{(\boldsymbol{a} - \boldsymbol{p}) \cdot \boldsymbol{h}}{\boldsymbol{h} \cdot \boldsymbol{h}}$$
となる．したがって，A の投影面への投影点 A′($\boldsymbol{a}'$) は，以下のとおりである．
$$\boldsymbol{a}' = \boldsymbol{a} - \frac{(\boldsymbol{a} - \boldsymbol{p}) \cdot \boldsymbol{h}}{\boldsymbol{h} \cdot \boldsymbol{h}}\boldsymbol{h}$$

投影面上の直行する二つの基準ベクトルは，以下のように決める．空間の鉛直単位ベクトルを $\boldsymbol{z} = (0, 0, 1)$ とすれば，画面上の水平方向の基準ベクトル $\boldsymbol{e}_x$，および $\boldsymbol{e}_x$ に垂直な基準ベクトル $\boldsymbol{e}_y$ は，以下のとおりである．
$$\boldsymbol{e}_x = \frac{\boldsymbol{z} \times \boldsymbol{h}}{\|\boldsymbol{h}\|}, \quad \boldsymbol{e}_y = \frac{\boldsymbol{e}_x \times \boldsymbol{h}}{\|\boldsymbol{h}\|} \tag{*3}$$

したがって，点 A′ の投影面上の座標 (x, y) は，座標原点を P とすれば，
$$\boldsymbol{a}' = x\boldsymbol{e}_x + y\boldsymbol{e}_y$$
$$x = (\boldsymbol{a}' - \boldsymbol{p}) \cdot \boldsymbol{e}_x, \quad y = (\boldsymbol{a}' - \boldsymbol{p}) \cdot \boldsymbol{e}_y \tag{*4}$$
となる．これを 2 次元の位置ベクトル (x, y) として，プロッタグラフィックスで表示することによって投影図を作成することができる．

(b) 透視投影

透視投影の場合は，中心投影であり，視点 M($\boldsymbol{m}$) と物体の点 A($\boldsymbol{a}$) を結ぶ投影線を考えればよい．
$$\boldsymbol{x} = \boldsymbol{a} + \beta(\boldsymbol{a} - \boldsymbol{m}) \tag{*5}$$
ここで，β はスカラー量のパラメータである．

式 (*2)(*5) を連立して解けば，
$$\{\boldsymbol{a} + \beta(\boldsymbol{a} - \boldsymbol{m}) - \boldsymbol{p}\} \cdot \boldsymbol{h} = 0$$
これを解けば，
$$\beta = \frac{(\boldsymbol{a} - \boldsymbol{p}) \cdot \boldsymbol{h}}{(\boldsymbol{a} - \boldsymbol{m}) \cdot \boldsymbol{h}}$$
となる．したがって，A の投影面への投影点 A″($\boldsymbol{a}''$) は，以下のとおりである．
$$\boldsymbol{a}'' = \boldsymbol{a} - \frac{(\boldsymbol{a} - \boldsymbol{p}) \cdot \boldsymbol{h}}{(\boldsymbol{a} - \boldsymbol{m}) \cdot \boldsymbol{h}}(\boldsymbol{a} - \boldsymbol{m}) \tag{*6}$$

式 (*3)(*6) より
$$x = (\bm{a}'' - \bm{p}) \cdot \bm{e}_x, \quad y = (\bm{a}'' - \bm{p}) \cdot \bm{e}_y \qquad (*7)$$
となる．垂直投影と同様に，これを 2 次元の位置ベクトル (x, y) として，プロッタグラフィックスで表示することによって透視投影図を作成することができる．

(c) プログラミング

3 次元ベクトルの定義，ベクトルの和，差，定数倍などの演算，および内積，外積操作を定義することによって，式 (*4)(*7) の演算が可能となる．

以下の立体図形出力例は，第 4 章 P. 60 に記した正多面体と準正多面体のうちのいくつかを表示したものである．図 12.12 の正十二面体は，透視投影し，視点を左右に移動して**裸眼立体視**画像とした例である．画像の間に仕切り板を置くなどして，右左をそれぞれ片目で見ると，奥行き感をもつ立体視像を得ることができる．切頭 20 面体は，近年，フラーレン（fulleren）として知られるようになった炭素結晶 C_{60} の分子構造を表しており，結晶学と立体図形の関係を改めて認識させることとなった（図 12.13）．これらのサンプルプログラムは，参考ホームページに掲載されている．
(https://www.morikita.co.jp/books/mid/008043)

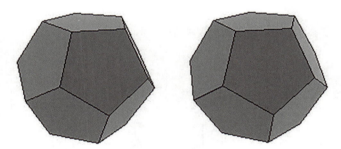

図 12.12　正十二面体の裸眼立体視図（両図の間に板などを垂直に立てて左右の図をそれぞれの目で見る）

図 12.13　切頭 20 面体（フラーレン）

製図用具

　図学における作図は，その目的よりして正確で，美しく，しかも速く仕上げなければならない．そのためには，種々の製図用具が必要となる．

　製図用具は，同一目的のものでも数種類市販されていて，一長一短があるので簡単には選定しがたいが，将来専門課程で，どの程度に用具を使用するかを考え，一時の間に合わせでなく，よい品を必要最少限に準備するのがよい．

　製図用具は，どれでも使用すれば使用するほど自分の手に馴染んでくるもので，正確で美しい図面が速く描けるようになるものである．

A.1 ◉ 製図器械

　製図器械（drawing instrument）は大別すると，英式と独式の2種があり，コンパス，ディバイダー，烏口が基本になり，数本から数10本までが箱入りセットとして市販されている．

　付図1は，現在使用される独式の製図器械である．

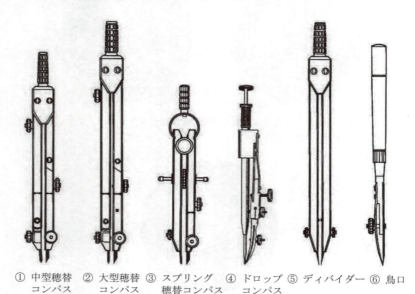

① 中型穂替コンパス　② 大型穂替コンパス　③ スプリング穂替コンパス　④ ドロップコンパス　⑤ ディバイダー　⑥ 烏口

付図1　独式製図器械

(a) 中コンパス（compass）

　中コンパスは，半径 5 mm から 70 mm ぐらいまでの円を描くのに用いる．鉛筆用と烏口用とが別々になったものと，二つが差し替え式になったものがある．コンパス類の中で最も使用頻度の高いものである．

　鉛筆の芯は，正確な円が描けるように削り，針先より少し短めに調整しておくとよい（付図2）．

付図2　コンパスの使い方

(b) 大コンパス（large compass）

　大コンパスは，半径 70 mm から 150 mm の円を描くとき用いるが，それより大きい円は，中継脚を使って描けばよい．両脚を紙面に直角になるように折り曲げて，大きい円は両手を用いて描く．

(c) スプリングコンパス（bow compass）

　スプリングコンパスは，コンパスの開閉部分にねじを使用している．ねじを回さない限り開閉ができないので，脚が動いて寸法狂いを生じることがなく，同心円を描くときなど便利である．以前は半径 10 mm 以下の小円用として小型のものが主であったが，最近は大型スプリングコンパスが中コンパスに代わり用いられている．

(d) ドロップコンパス（drop bow compass）

　ドロップコンパスは，半径 3 mm 以下の極小円を描くのに適している．針を円の中心にあてて，頭部を人差し指で押さえ，次に脚をドロップさせて親指を使って外軸を回転すると簡単に円が描ける．円の半径の調節は中央のねじの開閉によって行う．

(e) ディバイダー（divider）

　ディバイダーは，直線や曲線を分割したり，同じ長さを繰り返しとるときや，長さ（寸法）を図面に移すときに用いる．

(f) 烏口 (drawing pen)

烏口は，図面の墨入れ[†1] に用いるもので，2 枚の刃先の間に墨を含ませて，ねじの調節で開き角を加減して線の太さを決める．

A.2 ◎ 筆記用具[†2]

製図用中空ペン（商品名，ロットリングペン）は烏口に代わる墨入れ用具として開発され，線幅の均一性や鮮明度より，図面を拡大したり，投影したりする場合に用いられてきた．現在は作業効率の観点から，製図用シャープペンを使用することが多い（付図 3）．

付図 3　シャープペン

A.3 ◎ T 定規

T 定規（T-scale）は，頭部と脚部が T 形に固定された定規で，脚部の片側だけが定規になっているものと，両側が定規になっているものとがある．一般には，木製で定規の線にプラスチックを張り合わせたものが多い．主として，水平線を引くのに用い，三角定規を組み合わせて垂直線や傾斜線を引くときにも用いる．図学では 60 cm のもので十分である．

A.4 ◎ 三角定規

三角定規（triangle set square）は，45° と 30° × 60° の 2 枚でワンセットになっていて，プラスチック製，木製，アルミニウム製などがある．大きさは，45° 定規の斜辺，30° 定規では 60° の対辺の長さで表す．講義時の作図用は，15 cm から 18 cm の目盛付，製図用としては 30 cm の目盛なしの 2 組があると便利である．T 定規や製図機械（後述）との組み合わせで，付図 4 のような傾斜線を引くことができる．

[†1] 墨入れとは，下書き作業の後に，輪郭線など恒久的に清書して残す線を書き入れる作業を意味する．
[†2] コンパス用鉛筆芯は，HB あるいは B など軟らかめのもの，シャープペンには，F など硬めのものを使い，線の太さを筆圧で調節する．

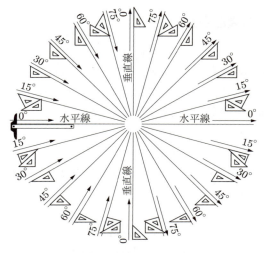

付図4　T定規と三角定規による傾斜線の描き方

A.5 ◉ 曲線定規とテンプレート

　コンパスで描けないような不規則な曲線を描くには，雲形定規（french curve）や自在曲線定規（curve ruler）が用いられる．

　雲形定規は，円，放物線，双曲線など，種々の曲線を組み合わせた定規を複数枚で1セットにしたものである．

　自在曲線定規は，棒状のもので内部に鉛などが入れてあって自由に曲がるので，作図点に合わせて曲線を描くことができる．作図点を曲線で結ぶときは，つなぎ目が折れ線にならないように，とくに工夫が必要である．

　楕円や小円，または製図記号などを描くときには，プラスチック製のテンプレート（template）を利用することが多い（付図5）．

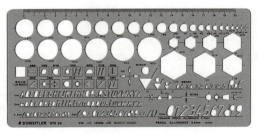

付図5　テンプレート

A.6 ● そのほかの製図用具

(a) 鉛筆（pencil）
　鉛筆は製図用に作られたものを用いる．芯の硬さは紙質によって変えたほうがよいが，一般には太線用として，H，2H，細線用として 2H，3H，文字用は HB，H を用いる．また軸は断面が六角形のものがよい．

(b) シャープペン（mechanical pencil）
　設計・製図用に開発されたシャープペンには，繰り出し式とノック式があり，芯の太さは，0.3 ～ 0.7 mm がある．線引きのとき定規にあたる芯部分を保護するために，先端に細いパイプが用いられているものが多い．

(c) スケール（scale）
　スケールは，プラスチック製，竹製の 30 cm の長さのもので，一部分に 0.5 mm の目盛があるものがよい．また三角柱の稜線の近くに現尺および縮尺 6 種の目盛を切った三角スケールは，縮尺図を描くときに便利である．

(d) 消しゴム（eraser）
　消しゴムには，鉛筆用とインクを消すための砂ゴム，ガラス繊維を束にしたものがある．消しゴムはなるべく上質のもので，軟らかく，わずかの力でよく消えるものがよい．図中の一部分の線を消すには，薄いステンレス板やプラスチック板の字消し板を当てて用いるとよい．

(e) 製図用テープ（drafting tape）
　製図用テープは，製図紙の隅を製図板上に止めるのに用いる．粘着度が最適な製図用テープを使用するのがよく，一般のセロハンテープでは紙を痛めることがある．

(f) 製図用紙（drawing paper）
　製図用紙には，元図用と写図用の 2 種がある．写図用は，トレーシングペーパー（tracing paper）といい，半透明で透過式の複写ができるようになっている．
　用紙の大きさは，JIS（日本工業規格）で，A 列，B 列の 2 種が規定されているが，製図用としては A 列を使用することになっている（付表 1）．A 列，B 列ともに，縦寸法と横寸法との比は $1:\sqrt{2}$ である．A2 の半折は A3，A3 の半折は A4 となる（付図 6）．

付表1　紙の大きさ

列 番号	A	B
0	841 × 1189	1030 × 1456
1	594 × 841	728 × 1030
2	420 × 594	515 × 728
3	297 × 420	364 × 515
4	210 × 297	257 × 364
5	148 × 210	182 × 257
6	105 × 148	128 × 182

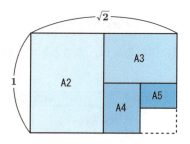

付図6　用紙の縦・横比

(g) 製図機械（drafting machine）

　製図機械は，T 定規，三角定規，スケール，分度器の機能をもった製図用の機械で，可動アームに水平と垂直方向のスケールが取り付けてあり，図面上の任意の位置に平行移動できるようになっている．また，角度盤の目盛を合わせることで，任意の角度の傾斜線を引くことができるので，製図の能率化がはかれる．

　また，製図機械と CAD 用 PC を併用する環境も，おもに，教育用として利用されることが多くなっている（付図7）．

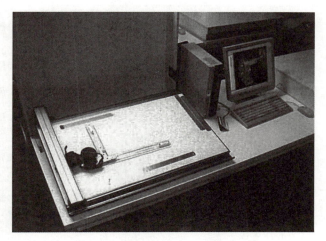

付図7　製図機械と CAD 用コンピュータの併用環境
　　　（青山学院大学理工学部）

A.7 ◉ 線の種類と用法

作図に用いる線は，太さと形で，付表2のように用いられる．

付表2　線の種類による用法

用途による名称	線の種類		線の用途
外形線	太い実線	────────	対象物の見える部分の形状を表すのに用いる．
寸法線	細い実線	────────	寸法を記入するのに用いる．
寸法補助線			寸法を記入するのに図形から引き出すのに用いる．
引出線			記述・記号などを示すために引き出すのに用いる．
中心線			図形の中心線を簡略に示すために用いる．
かくれ線	細い破線または太い破線	━ ━ ━ ━ ━	対象物の見えない部分の形状を表すのに用いる．
中心線	細い一点鎖線	─・─・─・─	(1) 図形の中心を表すのに用いる． (2) 中心が移動する中心軌跡を表すのに用いる．
ピッチ線			繰り返し図形のピッチをとる基準を表すのに用いる．
特殊指定線	太い一点鎖線	━・━・━・━	特殊な加工を施す部分など特別な要求事項を適用すべき範囲を表すのに用いる．
想像線(注1)	細い一点鎖線	─・─・─・─	(1) 隣接部分を参考に表すのに用いる． (2) 工具，ジグなどの位置を参考に示すのに用いる． (3) 可動部分を，移動中の特定の位置または，移動の限界の位置で表すのに用いる． (4) 加工前または，加工後の形状を表すのに用いる． (5) 繰り返しを示すのに用いる． (6) 図示された断面の手前にある部分を表すのに用いる．
破断線	不規則な波形の細い実線またはジグザグ線	～～～～	対象物の一部を破った境界，または一部を取り去った境界を表すのに用いる．
切断線	細い一点鎖線で，端部および方向の変わる部分を太くしたもの(注2)	┓・─・┏	断面図を描く場合，その断面位置を対応する図に表すのに用いる．
ハッチング	細い実線で規則的に並べたもの	/////	図形の限定された特定の部分をほかの部分と区別するのに用いる．たとえば，断面図の切り口を示す．

(注1) 想像線は，投影法上では図形に現れないが，便宜上必要な形状を示すのに用いる．また，機能上・工作上の理解を助けるために，図形を補助的に示すためにも用いる．
(注2) ほかの用途と混同のおそれがないときは，端部および方向の変わる部分を太くする必要はない．
〔備考〕細線，太線，極太線の太さの比は，1：2：4とする．ただし，本表には極太線は示していない

JIS B 3402 CAD 機械製図より抜粋

参考文献

[1] 日本図学会：図形科学ハンドブック，森北出版（1980）
[2] 日本図学会コンピュータグラフィクス委員会：コンピュータによる自動製図システム〔第2版〕，日刊工業新聞社（1977）
[3] 磯田浩：第3角法による図学総論，養賢堂（1967）
[4] 磯田浩：基礎図学〔第3版〕，理工学社（1986）
[5] 大久保正夫：詳説第三角法図学，日刊工業新聞社（1968）
[6] 原正敏：図学，産業図書（1967）
[7] 佃　勉：機械図学，コロナ社（1971）
[8] 近藤誠造：第三角法による図学大要，養賢堂（1972）
[9] 森田釣・川口毅：第三角法図学，培風館（1970）
[10] 清家正：第三角法による立体図学〔増補版〕，パワー社（1977）
[11] F. ホーエンベルグ（著），増田祥三（訳）：技術における構成幾何学，日本評論社（1969）
[12] 福永節夫：図学概説〔3訂版〕，培風館（1985）
[13] 小高司郎：現代図学，森北出版（1979）
[14] 中村貞男，杉山和久，稲葉武彦：大学課程図説図学〔第3版〕，オーム社（1988）
[15] 前川道郎，宮崎興二著：図形と投象，朝倉出版（1979）
[16] 小暮陽三：物理のおもしろ知識，日本実業出版社（1996）
[17] 益子正巳，岩井實（共編）：機械設計製図〔第2版〕産業図書（1974）
[18] H. E. Grant：Practical Descriptive Geometry, McGraw-Hill（1952）
[19] F. E. Giesecke：Engineering Graphics, The Macmillan Co（1963）
[20] T. E. French, C. J. Vierh：Graphic Science, McGraw-Hill（1963）
[21] S. M. Slaby：Engineering Descriptive Geometry, Barnes & Noble（1962）
[22] T. E. French, C. J. Vierck：Engineering Drawing, McGraw-Hill（1960）
[23] J. H. Earle：Engineering Design Graphics, Addison-Wesley（1969）
[24] ジョゼフ・オニール（著），武藤健志（編）：独習Java〔第3版〕，翔泳社（2005）
[25] 小林史典，青木義男，永沢茂，佐久田博司：Javaによるオブジェクト指向数値計算法，コロナ社（2003）

索 引

●あ 行
緯線　25
位相的関係記述　153
陰線　114
インボリュート曲線　22
陰面　114
AR　152
影線　114
円　14
円環　73, 99
遠近法　136
円錐　59
円錐曲線　14
円柱　59
円柱型屈折管　75

●か 行
外転サイクロイド　21
角錐　59, 63
角柱　59, 64
陰　114
影　114
ガスパール・モンジュ　1
片側断面　82
カバリエ（キャバリエ）投影　131
カビネ（キャビネ）投影　131
画法幾何学　1
カム　24
画面　136
基準線　6
基準線に平行な直線　42
基準ラック歯形　22
基線　137
基礎円　23
基礎円半径　24
基点　132
基面　137
CAD　152
CAM　154
球　71
球面　71, 73
共通接線　23, 108
共通接平面　108
共通法線　23
虚影　117
曲面　59
曲面体　59, 85
近似展開　73
空間座標入力　153
経線　25
光線錐　114
光線柱　114
高トロコイド　21
光面　114
コンピュータ図形処理　149

●さ 行
サイクロイド歯形　21
最速降下曲線　21
作図線　6
三角柱　64
三軸投影　132
3次元CAD　153
四角錐　64
四角柱　64
軸測軸　132
軸測尺　132
軸測投影　4, 129, 131
軸測比　132
視心　137, 139
システム操作　153
視線　136
実形　6
実長　6, 42

視点　136
斜円錐　96
斜円柱　96
斜角つるまき線面　70
斜錐体　66
斜柱体　68
斜投影　2, 4, 129, 130
縮尺比　133
主投影面　28
消点法　139
正面図　6, 29, 128
正面投影面　29
伸開線　22
垂線　44
錐体　66, 121
垂直投影　2
水平傾角　32, 81
水平跡　80
水平投影面　29
錐面　66, 114
すべり率　22
図法幾何学　1
正四面体　59
正十二面体　59
正多面体　59, 73
正投影　3, 128
正二十面体　59
正八面体　59
正六面体　59
跡線　6
切断平面　6, 80
接点　103
接平面　103
セバスティアーノ・セルリオ　1
線織面　66
漸伸線　22
全断面　82

相貫線 88	展開図 73	副基準線 38
相貫体 88	点視図 31, 42	複曲面 66, 73
相貫点 88	点の主投影図 30	副正面図 38
双曲線 14	投 影 1, 2	副 図 38
測地線 73	投影図 2	副投影法 84
側投影面 29	投影線 2	副投影面 38
側面図 128	投影面 2	副平面 38
	等高線 133	副平面図 39
●た 行	透視図 136	複面投影 3, 128, 131
第一角法 4	透視投影 4, 129, 136	普通サイクロイド曲線 21
対応線 6	投 射 2	フラットベッド型 150
第三角法 4	投射線 2	平行光線 115
楕 円 14	導 線 66	平行投影 2
楕円回転面 73	等速往復運動 24	平行透視 139
多面体 59	等測軸 133	平面曲線 103
単曲面 73	等測尺 133	平面図 6, 29, 128
端視図 36	等測図 133	平面の実形 55
単双曲回転面 69	等測投影 4, 132	ページプリンタ 151
単面投影 3, 131	導 面 66	法 線 103
地平線 137	ドラム型 150	放物線 14
着 色 82		母曲線 85
中心線 6	●な 行	補助平面法 84
中心投影 2	内転サイクロイド 21	母 線 66
柱 体 121	二軸投影 132	母直線 75, 85
柱 面 75	2次元CAD 153	
直円柱 68	ねじれ面 69, 73	●ま 行
直錐体 66		巻出線 22
直接法 137	●は 行	右側面図 29
直線の傾角 42	ハートカム 24	ミリタリ投影 131
直線の主投影図 30	ハート曲線 24	面 素 66, 75, 104
直線の副投影図 40	排気管 75	
直柱体 68	歯形曲線 21, 22	●ら 行
直立傾角 32, 82	歯 車 21, 22	裸眼立体視 159
直立跡 80	発散光線 114	ラバット 59
直角錐 64	ハッチング 82	立体の外形線 5
直角つるまき線面 70	半正多面体 59	立 点 137
低トロコイド 21	ピッチ円 21	立面図 128
底平面 93, 96	標 高 133	略記号 6
テクニカルイラストレーション 4	標高投影 3, 133	輪郭線 24
	標準光線 115	レオナルド・ダ・ヴィンチ 1
展 開 73	VR 151	

著者略歴

岩井　實（いわい・みのる）
　1943 年　東京高等工学院機械科卒業
　1948 年　東京工業大学理工学部助手
　1966 年　青山学院大学理工学部助教授
　1968 年　工学博士（東京工業大学）
　1972 年　青山学院大学理工学部教授
　1992 年　青山学院大学名誉教授
　2010 年　逝去

石川　義雄（いしかわ・よしお）
　1959 年　千葉大学工学部機械工学科卒業
　1979 年　工学博士（東京工業大学）
　1984 年　埼玉大学工学部教授
　1994 年　埼玉大学名誉教授　現在に至る

喜山　宜志明（きやま・よしあき）
　1953 年　工学院大学機械工学科卒業
　1954 年　東京大学工学部助手
　1965 年　東京工業高等専門学校助教授
　1974 年　東京工業高等専門学校教授
　1990 年　東京工業高等専門学校名誉教授　現在に至る

佐久田　博司（さくた・ひろし）
　1979 年　東京大学工学系大学院修了
　1979 年　工学博士（東京大学）
　1981 年　株式会社日立製作所日立工場入社
　1984 年　長岡技術科学大学機械系助手
　1988 年　長岡技術科学大学機械系助教授
　1992 年　青山学院大学理工学部助教授
　2004 年　青山学院大学理工学部教授
　2019 年　青山学院大学名誉教授　現在に至る

編集担当	福島崇史・佐藤令菜（森北出版）
編集責任	富井　晃（森北出版）
組　　版	コーヤマ
印　　刷	丸井工文社
製　　本	同

基礎応用第三角法図学（第3版）　　　© 岩井　實・石川義雄
　　　　　　　　　　　　　　　　　喜山宜志明・佐久田博司　2019

1981年4月25日	第1版第1刷発行
2004年9月10日	第1版第27刷発行
2006年3月15日	第2版第1刷発行
2019年2月28日	第2版第11刷発行
2019年6月27日	第3版第1刷発行
2023年2月20日	第3版第3刷発行

【本書の無断転載を禁ず】

著　者　岩井　實・石川義雄・喜山宜志明・佐久田博司
発行者　森北博巳
発行所　森北出版株式会社
　　　　東京都千代田区富士見 1-4-11（〒 102-0071）
　　　　電話 03-3265-8341／FAX 03-3264-8709
　　　　https://www.morikita.co.jp/
　　　　日本書籍出版協会・自然科学書協会　会員
　　　　JCOPY ＜（一社）出版者著作権管理機構　委託出版物＞

落丁・乱丁本はお取替えいたします．

Printed in Japan／ISBN978-4-627-08043-0